U0390700

高等院校艺术设计案例教程

CorelDRAW X6

艺术设计案例教程

（第二版）

崔建成 周 新◎编著

清华大学出版社

北 京

内 容 简 介

  自设计领域引入计算机技术以来，艺术设计创意手段和方法变得前所未有的丰富，计算机技术和设计软件功能的不断更新完善，大大增强了设计作品的表现力和视觉冲击力。CorelDRAW X6是功能强大的专业矢量绘图软件，它是艺术设计领域应用最为广泛的计算机软件之一，备受业内人士的青睐。

  本书旨在以CorelDRAW X6为设计工具，以不同工作领域的实际应用为引导，从字体设计、标志设计、图形图案的设计、广告设计、版式设计和包装设计等多个方面，运用大量案例进行分析、解剖，对如何运用计算机进行创意设计，从理论阐述到实例操作都作了较详尽的叙述。

  本书不仅详细地介绍了CorelDRAW X6的基本使用方法与使用技巧，同时将学习CorelDRAW X6基本功能与设计技巧有机地结合在一起，而且介绍了各种作品的设计思想和设计方法，其内容翔实，实用性和可操作性强。

  本书章节安排合理，内容通俗易懂，信息量高，适合高等院校艺术设计专业作为数字艺术设计课程的教材，也可供广大计算机美术设计爱好者自学或参考使用。

图书在版编目（CIP）数据

CorelDRAW X6艺术设计案例教程/崔建成，周新编著．—2版．—北京：清华大学出版社，2013
高等院校艺术设计案例教程

ISBN 978-7-302-33383-8

Ⅰ．①C…　Ⅱ．①崔…　②周…　Ⅲ．①图形软件-高等学校-教材　Ⅳ．①TP391.41

中国版本图书馆CIP数据核字（2013）第180882号

责任编辑：杜长清
封面设计：刘　超
版式设计：文森时代
责任校对：王　云
责任印制：杨　艳

出版发行：清华大学出版社
　　　　　　网　　　址：http://www.tup.com.cn，http://www.wqbook.com
　　　　　　地　　　址：北京清华大学学研大厦 A 座　　　　邮　　编：100084
　　　　　　社 总 机：010-62770175　　　　　　　　　邮　　购：010-62786544
　　　　　　投稿与读者服务：010-62776969，c-service@tup.tsinghua.edu.cn
　　　　　　质 量 反 馈：010-62772015，zhiliang@tup.tsinghua.edu.cn
印 装 者：北京天颖印刷有限公司
经　　销：全国新华书店
开　　本：185mm×260mm　　　　**印　张：**15.5　　　　**字　数：**355 千字
版　次：2010 年 3 月第 1 版　　2013 年 9 月第 2 版　　**印　次：**2013 年 9 月第 1 次印刷
印　数：1～3800
定　价：39.80 元

产品编号：053071-01

前　　言

CorelDRAW X6 是 Corel 公司于新近推出的一款集矢量图形绘制、版面设计、位图编辑等多种功能于一体的图形设计应用软件，在广告招贴设计、标志设计、字体设计、装饰画、图形图案的设计、版式设计等多个领域发挥着重要的作用。相对于之前的版本，其在功能上有了很大的提高，尤其是新增的"颜色样式"泊坞窗可以将文档中使用的颜色添加为资源，从而更加轻松地将颜色的更改应用到整个项目；同时增加了涂抹、转动、吸引、排斥等工具，为优化矢量对象提供了新的创造性选项；添加页码功能是以前版本中没有的，该功能可以很方便地完成页码的添加，而且位置统一，还可以分出奇、偶页。

本书是以 CorelDRAW X6 软件为设计平台，以平面设计领域的实际应用为引导，全面、系统地讲解了 CorelDRAW X6 艺术设计，保留了第一版中优秀的设计作品，同时增加了许多新的艺术创作。通过本书的学习，读者不仅可以学习 CorelDRAW X6 的基本使用方法和应用技巧，也可了解和掌握平面设计作品的制作思路和方法。

全书共分为 8 章，第 1 章介绍了 CorelDRAW X6 软件的基本操作知识；第 2 章简单阐述了平面设计的基本理论知识；第 3 ～ 8 章从字体设计、标志设计、图形图案的设计、广告设计、版式设计、包装设计等角度，首先从理论上结合不同作品（案例）进行分析阐述，然后介绍与本案例有关的 CorelDRAW X6 软件基本知识，最后对制作步骤进行细致讲解，从而为读者提供一个良好的计算机技术与艺术创意完美结合的媒介。

本书采用循序渐进的方式，全面、系统地讲解了 CorelDRAW X6 的命令、功能和使用技巧。字里行间穿插提示，各章节之后都有实例解析，相信每一位读者学习后，都能够尽快地迈入平面艺术设计的大门，不仅掌握 CorelDRAW X6 软件中相关工具的使用技巧，还可对平面艺术作品完整的设计过程有一个较清楚的了解。

本书突出理论和实践相结合，内容全面，语言通俗，结构清晰，操作步骤讲解详细，将知识点融入到每个案例中，为读者学习计算机软件课程提供了一种新的思路。各章节安排合理，内容通俗易懂，信息量大，适合高等院校艺术设计专业作为数字艺术设计课程的教材，也可供广大计算机美术设计爱好者自学或参考使用。

本书由青岛科技大学崔建成、周新编著。由于时间紧迫，加之笔者水平有限，书中不妥之处在所难免，恳请各位读者批评指正。

特别声明：书中引用的有关作品及图片仅供教学分析使用，版权归原作者所有。由于获得渠道的原因，没有加以标注，恳请原作者谅解并对其表示衷心感谢！

编　者

目　　录

Chapter 01　CorelDRAW X6概述

Chapter 02　平面设计

Chapter 03　字体设计

Chapter 04 标志设计

Chapter 05 图形、图案的设计

Chapter 06　广告设计

Chapter 07　版式设计

Chapter **08** 包装设计

Chapter 01

CorelDRAW X6 概述

本章内容

1.1 CorelDRAW X6 的启动与退出

1.2 CorelDRAW X6 快速浏览

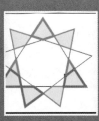

CorelDRAW X6 是目前 CorelDRAW 软件的最新版本，其操作性比以前的版本更加简便，图形图像的编辑处理功能更加强大，工作界面更加简洁。同时增加了 50 多项新内容。其中值得注意的有文本格式实时预览、字体识别、页面无关层控制、交互式工作台控制等功能。

用户可以用它绘制、合成和编辑图形，进行各种个性化的设计。如果你是 CorelDRAW 的新用户，一定会被 CorelDRAW X6 强大的功能和近乎完美的人机交流界面所征服；如果你是 CorelDRAW 的老用户，CorelDRAW X6 的新特性、新功能更会令你耳目一新。

1.1 CorelDRAW X6 的启动与退出

安装成功后，就可以进入精彩的 CorelDRAW X6 图形世界了。同 Windows 系统环境下的其他应用程序一样，用户可以通过多种途径启动 CorelDRAW X6。

1.1.1 启动CorelDRAW X6

常用的启动 CorelDRAW X6 的方法有以下几种。

- 通过"开始"菜单启动：启动计算机后，在 Windows 桌面上，依次选择"开始"→"程序"→ CorelDRAW X6 → CorelDRAW X6 命令。
- 通过"资源管理器"启动：在 Windows 中打开"资源管理器"，然后依次双击 C:\Program Files\Corel\CorelDRAW Graphics Suite13\Program\CorelDRAW.exe。
- 通过快捷方式启动：双击桌面上的 CorelDRAW X6 快捷图标。

1.1.2 CorelDRAW X6的欢迎界面

启动 CorelDRAW X6 后，系统将首先加载一些启动文件，包括默认的字体、使用的颜色类型、软件的注册信息等，然后进入如图 1-1 所示的欢迎界面。

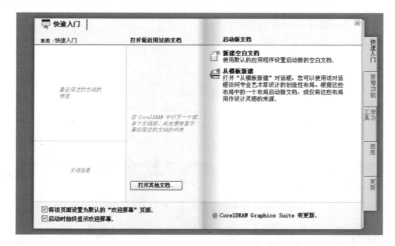

图 1-1

　　CorelDRAW X6 的欢迎界面与以前版本不一样，除了提供一些快速建立或编辑图形图像文件、文本文件的快捷方式外，在界面的右侧提供了"快速入门"、"新增功能"、"学习工具"、"图库"与"更新"等新的快捷方式。在默认的情况下，每次启动 CorelDRAW X6 时，该欢迎界面都会出现。如果用户不希望下次启动时显示该界面，而是直接进入 CorelDRAW X6 的工作窗口开始绘图，则取消选中该界面底部的"将该页面设置为默认的'欢迎屏幕'页面"和"启动时始终显示欢迎屏幕"复选框即可。下次启动 CorelDRAW X6 时，系统将以默认的新建方式打开一个空白的页面。

　　CorelDRAW X6 欢迎界面中各组件及相应功能如下。

　1. 快速入门

- 新建空白文档：以 CorelDRAW X6 的默认模板（包括页面大小、页面方向等）创建一个新的空白文档并进入 CorelDRAW X6 的工作窗口中。
- 最近用过的文档：可以显示最近打开的 CorelDRAW 文件。如果用户是首次使用 CorelDRAW X6，在该界面显示无历史记录的信息，即"打开最近用过的文档"栏为灰色。
- 打开其他文档：单击该按钮将打开某一版本的 CorelDRAW 文件，并进入 CorelDRAW X6 工作窗口开始绘图工作。其作用等同于选择"文件"→"打开"命令。
- 从模板新建：当选择这种进入 CorelDRAW X6 的方式时，可以通过对话框访问专业设计师设计的创造性布局。

　2. 新增功能

　　该功能是 CorelDRAW X6 在欢迎界面中的新增功能，如图 1-2 所示，它包括"更快速更高效地制作"、"轻松创建布局"和"让设计尽显风格与创意" 3 个组件，每个组件都包含丰富的内容，可供用户使用。

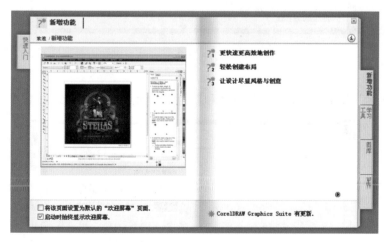

图　1-2

　3. 学习工具

　　如图 1-3 所示，该选项中除具备 CorelTUTOR（教程笔记）外，还增加了"视频教程"、"指导手册"和"提示与技巧" 3 个选项。

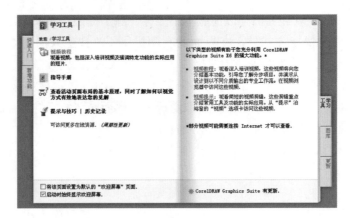

图　1-3

4．图库

如图 1-4 所示，图库中包含大量矢量图形，单击左右两个按钮，可以翻阅图库中的素材，用户可以根据需要更换内容。

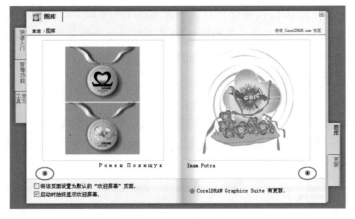

图　1-4

5．更新

通过"更新"选项可以进行产品更新和获得最新消息，如图 1-5 所示。

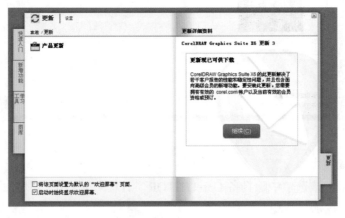

图　1-5

1.1.3 CorelDRAW X6的退出

退出 CorelDRAW X6 的方法主要有以下 3 种：
- 选择"文件"→"退出"命令。
- 单击窗口右上角的 ⌧ 按钮。
- 按 Alt+F4 快捷键。

1.2 CorelDRAW X6 快速浏览

成功地安装和启动 CorelDRAW X6 后，若想利用 CorelDRAW X6 强大的绘图功能进行设计和创作，还需先掌握 CorelDRAW X6 的窗口组件、菜单栏和工具栏的功能和使用方法。下面主要介绍 CorelDRAW X6 的工作窗口、工具箱和菜单栏等相关的知识。

1.2.1 浏览CorelDRAW X6的工作窗口

和以前的版本一样，CorelDRAW X6 的工作窗口主要由标题栏、各种屏幕组件、状态栏以及各种窗口控制按钮等组成，这些组件的形状和外观及其操作方法完全符合 Windows 应用程序的传统风格。如图 1-6 所示为 CorelDRAW X6 的工作窗口。

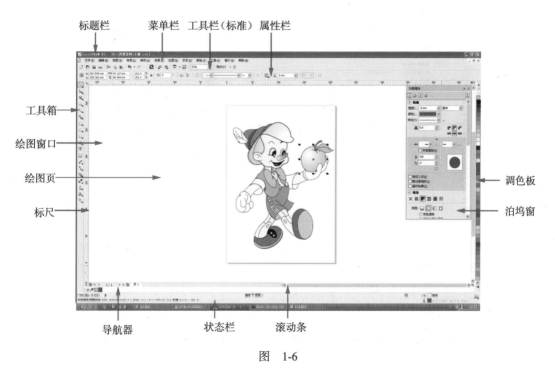

图　1-6

1．标题栏

像所有的 Windows 风格的应用程序一样，标题栏位于工作窗口的顶部，在默认情况下，CorelDRAW X6 的应用程序标题栏和文档标题栏在一起，所以标题栏上会同时显示当前应用程序的名称和文档名称。当新建图形未命名时，标题栏会显示 CorelDRAW

X6（未命名 -1）文件名；若打开的是一个已存盘文件，则此处显示的是当前的文件名。CorelDRAW X6 的标题栏由 3 部分组成，其中，左上角图标为窗口控制菜单按钮，单击它将打开应用程序窗口控制菜单，其中有"恢复"、"移动"、"大小"、"最小化"、"最大化"和"关闭" 6 个命令。"恢复"命令相当于"还原"按钮的功能；"移动"、"大小"用来重新定义窗口的位置和大小；"最大化"、"最小化"、"关闭" 3 个命令相当于"最大化"按钮、"最小化"按钮及"关闭"按钮的功能。关闭应用程序也可以使用快捷键 Alt+F4，它是 Windows 中的通用快捷键。

2. 菜单栏

菜单栏默认位于标题栏的下方，以菜单命令的方式提供了 CorelDRAW X6 中几乎所有的功能，是进行编辑、特效处理、视图管理、位图编辑等最主要的工具，用户可以根据自己的需要进行自定义。CorelDRAW X6 的菜单栏中有文件、编辑、视图、布局、排列、效果、位图、文本、表格、工具、窗口和帮助 12 个主菜单项。各个菜单下都包含了丰富的菜单命令，带有"▶"表示该菜单命令下方还有下拉菜单，带有"..."表示选择该命令将会弹出一个对话框，灰色的选项表示当前不可用，如图 1-7 所示。

图　1-7

3. 标准工具栏

标准工具栏默认位于菜单栏的下方，以工具按钮的形式提供了 CorelDRAW X6 的基本操作。它其实是菜单栏中所提供的常用命令的快捷方式，从而简化了许多操作步骤。用户也可以对其进行设置，以满足不同需求。同时，当用户将鼠标指针移动到按钮上时，系统将自动显示该按钮相关的注释文字。如图 1-8 所示为系统默认的标准工具栏。

图　1-8

4. 属性栏

属性栏默认位于标准工具栏的下方，用于显示当前选定对象的各种属性，随着用户选定的对象或者进行操作的不同而不断变化。用户可以通过改变属性栏中的数值来完成对选定对象的各种设置和变换。在一些工具的属性栏中，用户还可以设定工具的性质。属性栏与各种工具相结合，可以创造出各种特殊的效果。属性栏中默认则显示当前空白文档的页面大小、纸张类型、默认字体等属性。图1-9中显示了一个在没有选中任何对象情况下的属性栏。

图   1-9

5. 工具箱

工具箱在CorelDRAW X6中仍然沿用了以前版本的风格，位于窗口的左边，包括各种基本绘图工具、文本工具、填充工具、选取工具和特殊效果工具等，另外，有些工具按钮右下角有一个小三角形标记，表示还有一些工具隐藏在弹出式菜单中。同时右击某个工具，可以打开或隐藏相关内容，如图1-10所示。

图   1-10

6. 标尺

标尺是CorelDRAW X6界面上的一组精确定位工具，包括水平标尺和垂直标尺两种，主要作为在绘图中进行页面准确定位的依据。CorelDRAW X6允许用户指定标尺的原点、度量单位等属性。在标尺上按住鼠标左键不放，并向绘图区拖动鼠标，可拖出一条辅助线。

7. 导航器

导航器是在CorelDRAW X6中进行多页文档浏览时最方便的工具。如图1-11所示，利用导航器，用户可以在同一图形文件中创建多页文档，能够显示当前文档的总页数、当前的页码数，并且可以通过各个功能按钮进行上下翻页浏览或者直接切换到文档首页、尾页等。

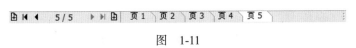

图   1-11

8. 状态栏

状态栏位于窗口的下方，如图1-12所示，提供了更多、更详细的对象信息。不仅可以显示当前鼠标指针所在位置的纵横坐标信息、填充颜色、轮廓颜色、当前使用的绘图工具、当前绘制的图形对象的名称以及所在的图层信息等，还能够显示当前绘制的图形对象的大小及中心点位置信息等。

图   1-12

9. 调色板

调色板垂直位于工作窗口的右侧，为用户的图形提供标准填充色，或者改变选定对象的轮廓线颜色。当选定某个对象时，在某一色块上单击即可填充该色。在默认状态下，使用的是默认的 CorelDRAW X6 调色板。单击调色板上下两侧的黑色三角箭头可以依次弹出所选调色板的全部颜色，也可以单击调色板最下端向左的箭头，把调色板全部打开。用户可以根据自己的需要调用不同的调色板，有两种转换途径：一是右击，在弹出的快捷菜单中选择调色板；二是选择"窗口"→"调色板"命令并选择相关调色板编辑器。如图 1-13 所示为调色板的编辑对话框。在 CorelDRAW X6 中，调色板能够应用系统颜色库所提供的各种色库，同时用户也可以创建自定义类型的调色板。用户可

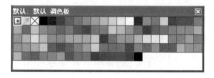

图　1-13

以在其中定义填充色、轮廓色、移动到起点、移动到终点，以及新建、打开、保存调色板等。若在其中单击了定制选项，会打开选项对话框，让用户设置调色板的各选项。

10. 滚动条

滚动条和基于 Windows 操作系统下的其他应用程序中的一样，可以说是使用频率最高、操作最为简便的浏览工具了。位于 CorelDRAW 工作区下面的水平方向的滚动条，能够提供左右移动功能，从而浏览宽度超过屏幕显示范围之处的文档区域；右边的垂直滚动条提供上下翻页功能。在 CorelDRAW X6 中，用户可以单击滚动条两端的箭头来浏览文档，也可以拖动滚动条上的滑块来实现快速浏览。

11. 窗口控制按钮

窗口控制按钮位于 CorelDRAW 工作窗口的右上角，包括最大化、最小化和关闭 3 个按钮，主要用来控制 CorelDRAW X6 工作窗口或者文档窗口的显示方式。

12. 工作区（绘图窗口）

工作区是用户工作时的可用空间，当多文件显示或多窗口显示时，可以用滚动条或者导航器进行调节，以达到最佳效果。多页显示时，可以用导航器翻页。常用的工具箱竖放于工作窗口的左侧，提供了最为快捷的图形工具、效果工具和文本工具，用户可以设置 CorelDRAW X6 的工作窗口。

13. 绘图区（绘图页）

绘图区即绘图页面。用户最终的作品将展示在该区域内，可以通过属性栏中的纸张类型/大小下拉列表框对该页面的大小和类型进行设置。

14. 泊坞窗

泊坞窗是 CorelDRAW X6 最有特色的部分，其作用相当重要。因为它提供了许多常用的功能，让用户在设计中更加得心应手。当用户通过"窗口"菜单打开一个窗口后，在默认状态下泊坞窗将停靠在屏幕的右边。CorelDRAW X6 允许同时打开多个泊坞窗，而且这些泊坞窗可以叠加在一起。

1.2.2　工具箱概述

工具箱是进行图形的绘制和处理时必不可少的工具，在 CorelDRAW X6 中位于工作

窗口的左侧，由一系列工具按钮组成。工具箱中放置的是 CorelDRAW X6 中最常用的绘图工具，使用这些工具可进行基本绘图、选择、移动、旋转、倾斜、节点编辑、填充颜色、设置轮廓线效果、加入文本、交互式透明、交互式填充、交互式立体化、交互式封套、交互式调和等工作。应该注意的是，在 CorelDRAW X6 工具箱中所提供的 17 个工具按钮，有 14 个工具按钮的右下角带有黑色三角形，这表示该工具中包括多个工具选项，还可以展开，并在其中放有另外几个相关工具，所以工具箱中大约提供了 50 多个工具。下面对工具箱中的工具依次作简单介绍。

1. 挑选工具组

挑选工具组是 CorelDRAW X6 中使用最多的工具，对任何对象进行操作，首先都要用挑选工具将图形选中。使用时首先激活挑选工具，然后在绘图区拖曳鼠标，将所选图形框住，被框住的图形四周就会出现 8 个控制点，这时可对被选中的图形进行编辑操作。也可在激活挑选工具后，在图形上单击，则该图形被选中；拖动控制点，可使图形增大或缩小。

2. 形状工具组

该工具组中包括形状工具、涂抹笔刷工具、粗糙笔刷工具、自由变换工具、涂抹工具、转动工具、吸引工具和排斥工具。

- 形状工具

可对节点和路径进行操作，以改变线条、基本几何图形、文本、位图的形状。该工具的功能取决于选定对象的类型。

- 涂抹笔刷工具

沿矢量对象的轮廓拖动对象以使其变形（被擦除），但不会中断任何闭合的路径，如图 1-14 所示。

- 粗糙笔刷工具

可以使图形的轮廓形成毛刺的效果，与涂抹笔刷工具相似，如图 1-15 所示。

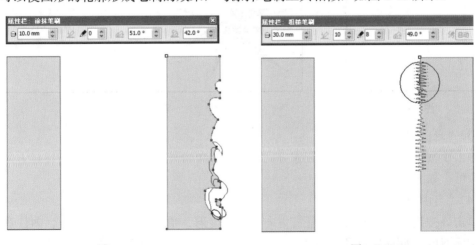

图 1-14　　　　　　　　图 1-15

- 自由变换工具

可改变对象的方向或外观。利用其属性栏中自由旋转工具、自由角度镜像工具、自由

9

调节工具、自由倾斜工具可作其他变化，如图 1-16 所示。

图 1-16

在 CorelDRAW X6 中，变换是指对选定的对象进行位移、旋转、缩放、倾斜或者镜像等操作。和以前的版本一样，CorelDRAW X6 同样为进行变换操作提供了各种不同的方法。例如，如果需要迅速地对选定对象进行各种变换操作，而不要求精度，则可以直接使用鼠标来进行；如果要精确设置某一种变换类型的选项，则可以使用菜单命令来进行；如果要对某一对象同时应用多种变换操作，则可以通过自由变换工具属性栏上的相关工具按钮来进行。

下面依次按照按钮数目、各工具所实现的主要功能以及各工具的使用方法加以介绍。

（1）"自由旋转"按钮

单击该按钮可以对对象进行 360°旋转，单击确定旋转的中心，如图 1-17 所示。

（2）"自由角度镜像"按钮

单击该按钮可以对对象进行 360°镜像旋转，单击确定镜像旋转的中心（如果不做镜像旋转，则可以用自由旋转工具），如图 1-18 所示。

图 1-17

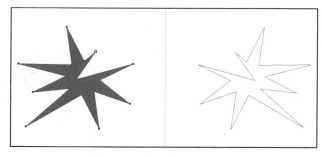

图 1-18

（3）"自由调节"按钮

单击该按钮可以对对象进行任意方向的调整，单击处为调整的起点，向任意方向拖动鼠标即可，如图 1-19 所示。

（4）"自由倾斜"按钮

单击该按钮可以对对象进行任意方向的扭曲变形，单击处为调整的起点，向任意方向拖动鼠标即可，如图 1-20 所示。

（5）"对象位置"数值框

在 X 框中输入一个数值，以相对水平标尺坐标来水平移动选定的对象；在 Y 框中输入一个数值，以相对垂直标尺坐标来垂直移动选定的对象。当在 X 框中输入负值时，向左移动对象；输入正值时，向右移动对象。当在 Y 框中输入负值时，向下移动对象；输入正值时，向上移动对象。每次移动的距离都相对于当前对象的具体位置，并且采用系统默认的 mm（毫米）作为度量单位。

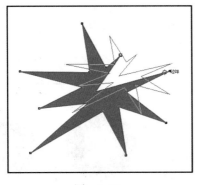   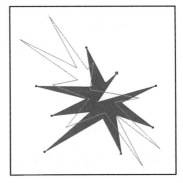

图　1-19　　　　　　　　　　　　　图　1-20

（6）"对象大小"数值框

在顶框中输入一个数值，以在水平方向（宽度）上调整选定对象的大小；在底框中输入一个数值，以在垂直方向（高度）上调整选定对象的大小。当输入大于原来的宽度或高度的值时，表示放大原来的对象；输入小于原来的宽度或高度的值时，表示缩小原来的对象。

（7）"缩放比例"数值框

在顶框中输入一个数值，以在水平方向上按百分比缩放对象；在底框中输入一个数值，以在垂直方向上按百分比缩放对象。如果要按比例缩放对象，则在启用按钮后分别在上述两个数值框中输入不同的数值，默认时按比例调整对象的大小。

启用后，可不按比例调整对象的大小或缩放对象；禁用后，可在调整对象大小或缩放选定对象时，使长宽比例保持不变。

（8）"镜像"按钮

单击左面的按钮，可水平镜像选定的对象；单击右面的按钮，可垂直镜像对象。

（9）"旋转角度"数值框

该数值框用来精确设定选定对象的旋转角度。当输入正值时，可逆时针旋转对象；输入负值，可顺时针旋转对象。

（10）"旋转的中心点位置"数值框

该数值框主要用来设定旋转对象时所围绕的中心点的位置坐标。在 X 框中输入一个数值，给定对象的旋转中心横坐标，在 Y 框中输入一个数值，给定对象的旋转中心纵坐标。

（11）"倾斜角度"数值框

该数值框用来精确设定倾斜对象时的角度。在顶框中输入一个数值，可水平倾斜对象；在底框中输入一个数值，可垂直缩放对象。此外，当输入正值时，可逆时针倾斜对象；输入负值时，可顺时针倾斜对象。

（12）"应用于再制"按钮

单击该按钮可以将对选定对象所进行的各种变换操作的结果直接应用于选定对象的副本，相当于复制原对象。

（13）"相对于对象"按钮

该按钮被启用后，可将选定对象或其旋转中心从当前位置移动到指定的距离；禁用后，将按照指定的"水平"和"垂直"标尺坐标来定位对象或其旋转中心。

以下 4 个工具是 CorelDRAW X6 中新增的工具。

● 涂抹工具

可以沿对象的轮廓延长或缩进来绘制对象形状，如图 1-21 所示。

● 转动工具

可以沿对象的边拖动来创建转动效果，随着鼠标停留时间长短而变化，如图 1-22 所示。

● 吸引工具

将图形中的节点吸引至指针处绘制对象形状，如图 1-23 所示。

● 排斥工具

将图形中的节点推离指针处来绘制对象形状，如图 1-24 所示。

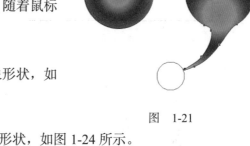

图　1-21

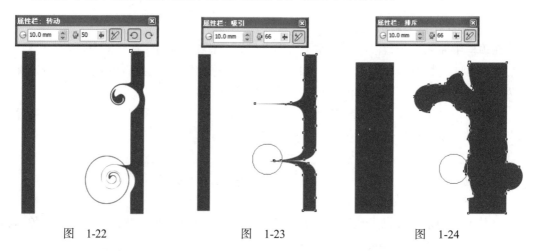

图　1-22　　　　　图　1-23　　　　　图　1-24

3. 剪切工具组

该工具组中包括剪切工具、刻刀工具、橡皮擦工具和虚拟段删除工具。

● 剪切工具

可以将任何图形进行裁剪，剪切后的对象属性会发生变化。其使用方法和 Photoshop 中的剪切工具使用方法一致。

新建文件并打开图形，选择"窗口"→"泊坞窗"→"对象管理器"命令，在打开的对象管理器中可以看出两个图形位于不同层，如图 1-25 所示。在使用剪切工具时一定要先选择对象，然后再进行剪切，否则在剪切多个对象时容易遗漏。

通过裁剪可以移除对象和导入图形中不需要的区域而无须取消对象分组，可以断开链接的群组部分，或将对象转换为曲线。可以裁剪矢量对象和位图。

裁剪对象时，可以定义希望保留的矩形区域（裁剪区域），裁剪区域外部的对象部分将被移除。通过设定属性栏中的参数，可以指定裁剪区域的确切位置和大小，还可以旋转裁剪区域和调整裁剪区域的大小，也可以移除裁剪区域。

可以只裁剪选定的对象而不影响其他对象，也可以裁剪绘图页上的所有对象。无论何种情况，受影响的文本和形状对象将自动转换为曲线。

不能裁剪位于锁定图层、隐藏图层、网格图层或辅助图层上的对象。同样，不能裁剪OLE 和互联网对象，不能翻转或图框精确剪裁对象。

在裁剪期间，受影响的链接群组，例如轮廓图、调和图和立体化图，将自动分解，如图 1-26 所示，剪切后的图形与轮廓可以分离开。

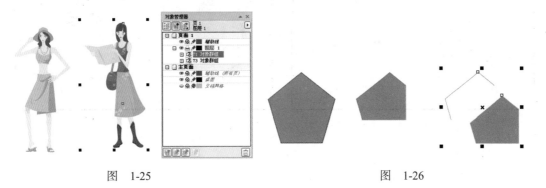

图　1-25　　　　　　　　　　　　　　　　图　1-26

可以随意与其他对象交互地移动、旋转裁剪区域和调整裁剪区域的大小。要移动裁剪区域，可将其拖动到新位置。要调整裁剪区域的大小，可拖动任意手柄。要旋转裁剪区域，可在区域内部单击，然后拖动旋转手柄。

- 刻刀工具

用户可以在其属性栏中设置该工具为"保留为一个对象"，则它可以将对象分为若干子路径而不是单独的对象，对象由闭合路径变成开放路径，如图 1-27 所示，填充的颜色自动消失并可移动节点，使其变成开放路径；如果设置该工具为"剪切时自动闭合"，可将一个对象分成若干个单独的对象，如图 1-28 所示。

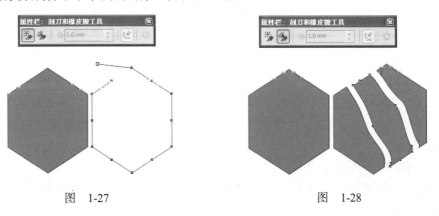

图　1-27　　　　　　　　　　　　　　　　图　1-28

● 橡皮擦工具

CorelDRAW X6 允许擦除不需要的位图部分和矢量对象。自动擦除将自动闭合所有受影响的路径，并将对象转换为曲线。如果擦除连线，CorelDRAW X6 会创建子路径，而不是单个对象，如图 1-29 所示为擦除连线与填充对象的对比。

● 虚拟段删除工具

使用该工具可以删除任何图形，不需要完全选择要删除的对象，只需要选择要删除的对象的部分即可。即使是删除群组的对象，也非常方便。但该工具与删除命令是不同的，虚拟段删除工具删除的是该对象与其他对象无关联的部分，否则将有关联的对象一起删除，如图 1-30 所示。

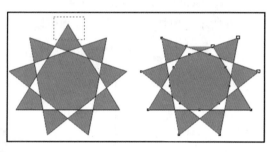

图　1-29　　　　　　　　　　　　　　图　1-30

4．缩放工具组

该工具组主要执行对象的放大和缩小以及手形功能，其工具栏中包括缩放工具和手形工具（利用手形工具可做平移）。

5．手绘工具组

使用该工具组可绘制基本线型（如曲线等）。该工具组中包括手绘工具、2 点线工具、贝塞尔工具、艺术笔工具、钢笔工具、B 样条工具、折线工具和 3 点曲线工具。

贝塞尔工具适合绘制精确、平滑的曲线。在绘制过程中，可通过改变节点和控制点的位置来控制曲线的弯曲度。绘制完曲线后，可通过造型工具来调节曲线形态。

艺术笔工具是 CorelDRAW X6 绘制图形中的一大特色。CorelDRAW X6 中允许应用多种预设的笔触，包括带箭头的笔触、填满彩虹图样的笔触等。其属性栏如图 1-31 所示。

图　1-31

其中，按钮分别列出了 5 种不同的艺术笔触，分别为预设型、笔刷、喷涂、书法和压力。其中，笔刷工具包含了许多特殊笔形；喷涂工具预设了许多喷射图案。通过改变不同类型的笔刷，用鼠标在绘图区拖曳，可以得到五彩缤纷的效果。如图 1-32 所示为部分效果。

6．智能填充工具组

该组工具包括智能填充和智能绘图两个工具，二者为填充对象提供了极大方便。在其属性栏中直接设定对象颜色及轮廓线宽度，当设定填充颜色和轮廓线宽度后，单击对象即可完成填充，如图 1-33 所示。

 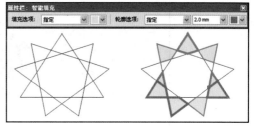

图　1-32　　　　　　　　　　　　图　1-33

智能绘图工具同时增加了绘图的随意性与平滑感，其功能与手绘工具相似。

7. 矩形工具组

激活该工具组，在绘图区单击并拖曳，可绘制矩形，然后激活挑选工具，单击矩形后，矩形的周围会出现 8 个黑色小方块，在矩形属性栏中可以调整相关选项，绘制出矩形及圆角矩形，详见 3.4.3 节。

8. 椭圆形工具组

激活该工具组，在绘图区单击并拖曳，可绘制一个椭圆。用工具箱中的挑选工具选中后，椭圆的周围会出现 8 个黑色小方块，在其属性栏中可以调整相关选项，绘制出圆、椭圆、饼形和弧形，详见 3.4.4 节。

9. 多边形工具组

激活该工具组，可绘制任意形状的多边形，其工具组包括多边形工具、星形工具、复杂星形工具、图纸工具和螺旋工具，详见 3.4.5 节。

10. 基本形状工具组

激活该工具组，可以方便地制作多种图形形状。

激活基本形状工具组中的任意工具，如完美形状工具，其属性栏如图 1-34 所示。

图　1-34

其中，基本形状样式中提供了多种基本形状样式；箭头形状样式中提供了多种箭头样式；流程形状样式中提供了多种流程图样式；标注样式中提供了多种标注样式；标题形状样式中提供了多种标题样式，如图 1-35 所示。

基本形状样式　　箭头形状样式　　流程形状样式　　标注样式　　标题形状样式

图　1-35

15

利用这些图形样式，配合其他工具，可得到许多美观的造型，如图 1-36 所示。

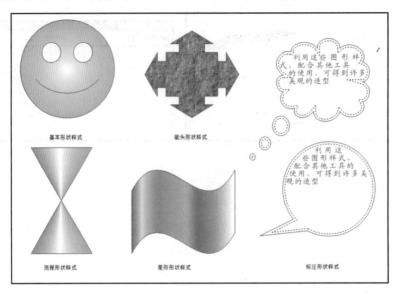

图　1-36

11. 文本工具 ⊞

激活该工具可输入和编辑美术字和段落文本，详见第 7、8 章。

12. 表格工具 ⊞

表格提供了一种结构布局，用户可以在绘图时显示文本或图像。可以绘制表格，也可以从段落文本创建表格。通过修改表格属性和格式，可以轻松地更改表格的外观。此外，由于表格是对象，因此可以以多种方式处理表格。还可以从文本文件或电子表格中导入现有表格，其使用方法与 Word 文档中的表格处理方法一致，详见 3.4.7 节。

13. 平行度量工具组 ⊠

该工具组中包括平行度量工具、水平或垂直度量工具、角度量工具、线段度量工具和 3 点标注工具，其主要作用是对不同对象采用不同的标注方式，如图 1-37 所示。

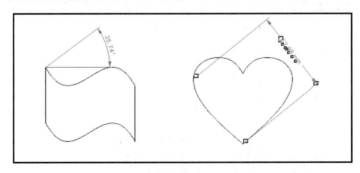

图　1-37

14. 直线连接器工具组 ⊠

该工具组中包括直线连接器工具、直角连接器工具、直角圆形连接器和编辑锚点工具，主要用于表现图形之间的连接形式，如图 1-38 所示。

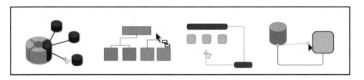

图　1-38

15．交互式调和工具组

该工具组中的各个工具主要用来生成各种特殊效果，如调和两个图形之间的效果、单一图形轮廓图效果、图形扭曲变形效果，添加图形阴影效果、封套效果、立体化效果以及交互式透明效果等，详见 5.3 节。

16．颜色滴管工具组

该工具组包括颜色滴管工具与属性滴管工具两个工具。前者主要用来汲取指定位置的颜色色样，并使之能够应用于其他对象进行填充，后者主要是为绘图窗口中的对象选择并复制对象属性，如线条粗细、大小和效果。

17．轮廓笔工具组

使用该工具组可设置对象的轮廓属性，包括线条形状、轮廓线颜色等，其弹出式工具栏中包括轮廓笔对话框、轮廓颜色对话框、无轮廓、1/2 点轮廓、2 点轮廓、8 点轮廓、16 点轮廓、24 点轮廓和颜色卷帘窗口。

18．填充工具组

激活该工具组，可用多种方式为封闭对象填充颜色。其弹出式工具栏中包括均匀填充颜色、渐变填充、图样填充、底纹填充、PostScript 填充、无填充以及颜色工具卷帘 7 个工具按钮。

19．交互式填充工具组

该工具组中包括交互式填充工具及交互式网状填充工具，可对图形进行水彩色效果填充。

默认时 CorelDRAW X6 将自动启用工具箱，并竖放在窗口的左侧；在工具箱的顶部按住鼠标左键不放，可把它拖动到工作窗口的其他位置上，当松开鼠标左键时，将显示带有标题栏的工具箱，单击右上角的"关闭"按钮则可关闭工具箱。选择"窗口"菜单中的"工具箱"命令，也能启用或者关闭工具箱。

1.2.3　CorelDRAW X6菜单栏

在 CorelDRAW X6 中，菜单栏以菜单命令的方式涵盖该软件的全部功能。使用各菜单栏中提供的相关菜单命令，也可以完成大部分操作（绘制基本图形对象除外）。本节首先介绍 CorelDRAW X6 菜单栏中各菜单或者菜单命令的常规使用方法。

下面分别介绍 CorelDRAW X6 中各个菜单的最主要的功能。

1．文件菜单

文件菜单的内容与其他 Windows 应用程序的文件菜单一样，主要用来进行文档操作。CorelDRAW X6 的文件菜单包括 20 多个菜单命令，主要用来进行各种文档的基本操作。根据各菜单命令使用范围的不同大致可以分为以下 6 大类：

- 文档基本操作类命令：可以执行新建空白文件、根据模板创建空白文件、打开某一存盘文件等操作。
- 文件保存类命令：主要用来保存文件、关闭文件或者还原文件等。
- 文件交换类命令：允许用户向 CorelDRAW X6 中导入由数码相机或者其他外部设备得来的图像，或者把在 CorelDRAW X6 中绘制或者处理的图形对象输出到 Internet 网络等。
- 文档打印类命令：将图像输出到其他打印操作、设置打印机属性以及进行打印预览等。
- 文档信息类命令：主要用来控制当前图形对象所使用的版本号，以及该文件的保存位置等信息。
- "退出"命令：选择"退出"命令，能够退出 CorelDRAW X6。

使用文件菜单，还可以显示文档信息及版本控制信息。为了方便查询，在文件菜单的下方，显示了最近 5 次打开过的图形文档的名称，可以提高工作效率。在一些菜单命令中，有一些带有下划线的字母。例如，"打开"命令中，在字母 O 的下面带有一条下划线，表示当选择了文件菜单后，可以按 O 键来执行打开操作。

在一些命令后面带有快捷键，例如"新建"命令后带有 Ctrl+N，这表示 Ctrl+N 是该命令的快捷键。可以在工作状态下，使用此快捷键新建文件。掌握快捷方式有利于提高工作效率。有一些菜单命令的后面带有一个黑色的小三角符号，表示在此命令下面还有子菜单。并不是该菜单中所有命令都能够被选择和执行，只有在菜单中的命令项显示为黑色时才可以选择，如果显示为灰色，则表示该命令在当前的操作中不能执行。

2. 编辑菜单

编辑菜单用来提供对对象的一系列控制。在 CorelDRAW X6 中，按下 Alt+E 快捷键将打开编辑菜单。编辑菜单主要提供各种常规编辑操作，例如，撤销与恢复操作，剪切、复制、粘贴、选择性粘贴操作、删除与全选操作等。利用编辑菜单中的"查找"或者"替换"命令能够在当前文档中查找或替换指定的字符，利用"链接"或"对象"命令允许对以链接方式插入到文档中的各类数据进行编辑。此外，编辑菜单中还提供了全部选定功能，使用"全选"子菜单中的相关命令能够迅速地选定当前文档中的全部对象、只选定文档中的全部文本、只选定文档中的辅助线或节点等。

3. 视图菜单

视图菜单中的各命令主要用来控制当前文档的视图模式以及工作窗口的显示方式。按 Alt+V 快捷键，将打开编辑菜单。CorelDRAW X6 的视图菜单中提供了 19 个菜单命令。这些命令可以分为：（1）视图属性类命令，主要用于改变 CorelDRAW X6 的视图模式，包括"切换到线框"、"简单线框"、"草稿"、"正常"、"增强"和"使用叠印增强" 6 个命令；（2）预览方式类命令，提供了灵活方便的预览方式，可以选择全屏幕预览，也可以进行局部放大来编辑对象的细节等；（3）窗体属性类命令，主要用来改变 CorelDRAW X6 窗口的外观形状，显示或者隐藏各种屏幕组件（包括显示或者隐藏标尺、网格线等）、指定出血、可打印区域的范围以及使用文档结构图方式等；（4）辅助工具类命令，包括开启、关闭用户页面的一些辅助设置，使用户能够更有效率地完成工作；（5）设置类命令，包括标尺、辅助线、网格设置及对齐、贴近辅助线等设置。

4. 版面菜单

版面菜单中的各命令提供了多种版面设置方式，如插入页、删除页、重命名页，以及快速定位到多页文档中的指定页码等。此外，在 CorelDRAW X6 中，版面菜单中还提供了调整文档页面的各种方式，包括设置文档各页的切换方式、调整页面的大小或者进行页面背景设置等。使用版面菜单进行绘图时，对作品中的文档进行组织和管理是必不可少的。

5. 排列菜单

在绘制较为复杂的图形时，有时需要同时处理多个图形对象，各图形对象的相对位置设置、颜色的填充等操作都要借助于排列菜单中的相关命令来完成。CorelDRAW X6 中还提供了对象群组的操作功能，可以运用该菜单来进行群组的排列和整理，使之对齐、相交、修剪、焊接、分隔或者转换为曲线；还可以在使用多图层工作时，使图像在不同的图层间移动。

排列菜单中提供了以下 3 项功能。

- 变换功能：对选定的对象进行位置、旋转、缩放、大小和倾斜等 5 种变换方式，因而可以对已创建的对象进行修改。
- 对多个对象的控制功能：用户可以设置多个对象的对齐及分布方式和顺序。在同一图层内，用户可以设定对象的排列关系，可以把对象移到本图层的最前面，也可以使对象向前进一层等。为了编辑方便，用户可以把多个对象进行群组合并，使其在操作时成为一个整体。对于多个对象，可以对它们进行相交、修剪、焊接等处理。
- 转换功能：用户可以把对象（包括文本）转换为曲线对象，以便对其进行更加灵活的编辑，也可以把轮廓转换为封闭对象，可以对其进行填充和定义笔划。

6. 效果菜单

效果菜单提供了更为丰富的交互式图形效果工具，能够生成各种各样的特殊图形效果。可调整位图图像的颜色，使用各种精确变换工具，设置和使用艺术笔工具，绘制各种流畅自然的效果，为图像添加各种滤镜以及透视效果，把对象放置到容器，把某些效果组合起来添加到一个对象中去等。效果菜单和一些交互式工具相结合，可以使创作的作品达到一个新的艺术高度，此外，效果菜单中的底部还提供了各类特殊的复制命令。

7. 位图菜单

该菜单包括了 20 条命令，主要用来在 CorelDRAW X6 中转换和处理位图图像，并且能够对选定的位图应用各种特殊效果。CorelDRAW X6 中对于位图的修饰功能有了进一步的加强，用户可以利用位图菜单对导入的位图文件进行各种编辑和修饰操作；可以增加各种特殊效果，如三维效果、艺术效果、模糊、颜色转换、轮廓图、创造性、变换、杂点、锐化插件等；可以对位图进行专业化的修饰；可以把矢量图像转换为位图文件（用户可以采用不同的转换模式）；可以对所产生的位图文件进行一些修饰，如扩充位图边框、使用位图颜色遮罩等；还可以让二维位图图像产生如浮雕、透视、挤压、映射、卷页、球面等特殊视觉效果。CorelDRAW X6 作为一个很好用的矢量图形图像软件，在处理基于矢量绘图方法的图形时处理速度相当快；位图由于其构图方法的不同，当进行某些编辑工作时，处理的速度会明显变慢。

8. 文本菜单

CorelDRAW X6 不仅是一个图形图像处理软件，还能够直接处理文本。使用文本菜单，用户可以录入文本、编辑文本、格式化文本；可以使文本适合于路径或适合于文本框；可以在美术字文本和段落文本之间进行转换；使用书写工具，使文本转化为超文本等。在完成文本的导入和编辑后，还可以显示统计信息和非打印字符等。可以用 CorelDRAW X6 的文本菜单进行复杂的文本编排，可以建立美术字文本或段落文本，编辑文字以及对文本进行格式化，还可以实现精美的图文混排等操作。此外，还提供了 CorelDRAW 文本格式与 HTML 文本格式的相互转化，为用户制作精美的网页提供了方便。

9. 表格菜单

CorelDRAW X6 的表格菜单是新增菜单，极大地方便了用户的使用。使用表格菜单，用户不仅可以创建、合并、拆分表格，而且每个单元格都自成一体，具有填充等功能。

10. 工具菜单

工具菜单主要用来对 CorelDRAW X6 的各种基本工具、屏幕组件以及工作窗口本身进行设置和管理。在新版本中，工具菜单中提供了强大的管理器阵容，包括对象管理器、链接管理器、颜色管理器、视图管理器和 Internet 书签管理器等。此外，还提供了 CorelDRAW X6 的各种符号和剪贴画。

11. 窗口与帮助菜单

CorelDRAW X6 的窗口菜单除了常规的新建窗口、关闭窗口、显示打开文档名外，还把各种窗口组件，包括管理器、对话框、调色板等的名称集成在其中，用户可以在此处将其打开或隐藏。也可以在窗口菜单中选择不同的多窗口显示方式，如层叠窗口、水平平铺窗口、垂直平铺窗口等。

在窗口菜单中可以找到许多命令菜单，特别是在泊坞窗中可以打开许多类似浮动面板一样的窗口菜单。

思考与练习

1. 正确理解并掌握"学习工具"中的"提示与技巧"选项。
2. 正确理解属性栏的重要性。
3. 正确理解工作区与绘图区的概念。
4. 正确掌握剪切工具与 Photoshop 中的剪切工具的使用区别。
5. 初步掌握基本形状工具的使用方法。
6. 简单了解工具栏中各工具的基本用途。

Chapter 02

平面设计

本章内容

2.1 平面设计概述

设计一词来源于英文 Design，包括工业、环艺、装潢、展示、服装、平面设计等方面。

设计是有目的的策划，平面设计是这些策划的形式之一，在平面设计中需要用视觉元素来传播作者的设想和计划，用文字和图形把信息传达给受众，让人们通过这些视觉元素了解个人的设想和计划，这才是设计的意义。一个视觉作品成功与否，应该看它是否具有感动他人的能量，是否能顺利地传递出背后的信息，事实上这更像人际关系学，要依靠魅力来征服对象。

设计是科技与艺术的结合，是商业社会的产物，在商业社会中需要艺术设计与创作理想的平衡，需要客观与克制。

设计与美术不同，因为设计既要符合审美又要具有实用性，是一种需要而不仅仅是装饰。

设计中必须体现科学的思维方法，能在相同中找到差别，能在不同当中找到共同之处，能运用各种思维方法，如纵向关联思维和横向关联思维以及发散式的思维，善于运用科学的思维方式找到奇特的、新的视觉形象，才能不断创新。

设计需要精益求精，不断地完善，需要挑战自我。设计的关键之处在于发现，这只有通过不断深入的感受和体验才能做到，打动别人对设计师来说是一种挑战。精巧的细节能打动人，图形创意能打动人，色彩品位能打动人，材料质地能打动人……把设计的多种元素进行有机艺术化组合，才能设计出出色的作品，如图 2-1 所示即为一平面设计效果。

图　2-1

1. 平面设计分类

目前常见的平面设计项目可以归纳为十大类：网页设计、包装设计、DM 广告设计、海报设计、平面媒体广告设计、POP 广告设计、样本设计、书籍设计、刊物设计和 VI 设计。

2. 平面设计的定义

平面设计是将不同文字、色彩和图形等视觉元素按照一定的规则在平面上组合成图案。主要表现在二维空间范围之内。平面设计所表现的立体空间感并非真实的三维空间，而仅仅是图形对人的视觉引导作用形成的幻觉空间，如图 2-2 和图 2-3 所示。

图 2-2　　　　　　　　　　　　　　　　图 2-3

3.　平面设计的术语

- 和谐：从狭义上理解，和谐的平面设计，其统一与对比之间不是乏味单调或杂乱无章的。从广义上理解，是在判断两种以上的要素，或部分与部分的相互关系时，各部分给受众的感觉和意识是一种整体协调的关系。
- 对比：又称对照，把质或量反差很大的两个要素成功地搭配在一起，使人感觉鲜明、强烈而又具有统一感，使主体更加鲜明、作品风格更加活泼。
- 对称：假定在一个图形的中央设定一条垂直线，将图形分为左右完全相等的两部分，这就是对称图。
- 平衡：在平面设计中指的是根据图像的形量、大小、轻重、色彩和材质的分布效果与视觉判断上的平衡。
- 比例：是指部分与部分，或部分与全体之间的数量关系。比例是构成设计中一切单位大小，以及各单位间编排组合的重要因素。
- 重心：画面的中心点就是视觉的重心点，画面图像的轮廓变化，图形的聚散，色彩或明暗的分布都可对视觉中心产生影响。
- 节奏：节奏在构成设计上指以同一要素连续重复时所产生的运动感。
- 韵律：平面构成中，单纯的单元组合重复容易显得单调，由有规律变化的形象或色群间以数比、等比处理排列，使之产生旋律感，称为韵律。

4.　平面设计的元素

平面设计从广义上讲包括概念元素、视觉元素、关系元素和实用元素。

- 概念元素：所谓概念元素是指那些不实际存在的，不可见的，但人们的意识又能感觉到的东西。例如，看到尖角的图形，会感到上面有点，物体的轮廓上有边缘线。概念元素包括点、线、面，若不在实际的设计中加以体现，将是没有意义的。
- 视觉元素：可以通过视觉元素来体现概念元素。视觉元素包括图形的大小、形状和色彩等。
- 关系元素：关系元素决定了如何在画面上组织、排列视觉元素。关系元素包括方向、位置、空间和重心等。
- 实用元素：指设计所表达的含义、内容、设计目的及功能。

2.2 形式美的规律

形式美是美学名词，指客观事物和艺术形象在形式上，即外表所呈现的美。绘画中的线条、色彩，工艺美术造型、纹饰，音乐的音调、旋律等，都是美的。只有美的形式才能表现美的内容。但是，承认和强调形式的美，不等于形式主义者所说的美只在形式，与内容无关。

对内容来说，有本质的和非本质的形式，有直接表达和间接表达的形式。形式有其相对的独立因素。内容决定形式，形式反作用于内容。在现实的设计中要认真对待这种反作用，利用这种反作用，使设计不受直接表达的限制，可创造出更新颖的艺术形式。

设计的形式美应是一种特殊的艺术形式，能显示出一种力量。自然形态的美，不能直接为运用提供适应的条件，必须通过艺术的手段改造自然形态，才能发挥其独特的作用。因此，形象越高度概括，形式也就越鲜明。通过对自然形态的提炼、精简、单纯化把形象高度地概括起来，使其典型化。这些概括所表现出来的就是形式。形式美有自身的法则，有其特有的规律。找到了美的规律、美的法则，便有利于造型设计及形式美的创造了。

变化与统一是应用美术设计的总规律。

1. 变化

变化是指性质相异的图形要素并置在一起所产生的显著对比的效果。变化处理得当，画面则显得对比协调、生动活泼；处理不得当，画面则显得杂乱无章，没有秩序，如图 2-4 所示。

图　2-4

2. 统一

统一是指由性质相同或相似的图形要素并置在一起所产生的一致、协调的感觉。统一的画面可产生一致、完整、规律、秩序、和谐的效果，但如果处理得不当，画面则显得呆板、单调、简单，如图 2-5 所示。

图　2-5

变化与统一的关系是对立与统一的。任何作品都体现这两种关系，只不过两者在画面中的侧重表现有所不同。有的是统一占主导地位，有的是对立占主导地位。变化与统一在任何时候都是相对的。在具体的设计中应是在变化中求统一，或在统一中求变化。变化使画面生动、有生气；统一使画面完整、和谐。画面统一与变化的具体表现形式有以下几种。

- 形的变化：大小、曲直、粗细、长短等。
- 色的变化：浓淡、冷暖、明暗、强弱等。
- 构图的变化：疏密、虚实、高低、不对称等。
- 形的统一：类似形、相似形的要素等。
- 色的统一：同类色、同种色等。
- 构图的统一：对称、平排、复排等。

形式美的规律，以"多样性的统一"为最高原则，使复杂多样性统一为整体，如图 2-6 所示。

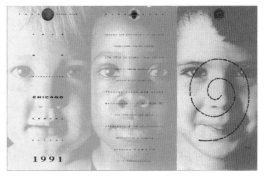

图　2-6

2.3 形式美的基本法则

形式美是一种具有相对独立性的审美对象。它与美的形式之间有质的区别。美的形式是体现合乎规律性、合乎目的性的本质内容的、自由的感性形式，也就是显示人的本质力量的感性形式。形式美与美的形式之间的重大区别表现在：首先，它们所体现的内容不同。美的形式所体现的是所表现的事物本身的美的内容，是确定的、个别的、特定的、具体的，并且美的形式与其内容的关系是对立统一、不可分离的。而形式美则不然，形式美所体现的是形式本身所包含的内容，它与美的形式所要表现的事物美的内容是相脱离的，而单独呈现出形式所蕴有的朦胧、宽泛的意味。其次，形式美和美的形式存在方式不同。美的形式是美的有机统一体中不可缺少的组成部分，是美的感性外观形态，而不是独立的审美对象。形式美是独立存在的审美对象，具有独立的审美特性。

随着科技文化的发展，对美的形式法则的认识将不断深化。形式美法则不是呆板的教条，要灵活体会，灵活运用。

按照"多样性的统一"原则，常见的形式法则有以下几种。

1. 对称与不对称

对称的形态在视觉上有自然、安定、均匀、协调、整齐、典雅、庄重、完美的朴素美感，符合人们的视觉习惯。

对称分为均齐式和相对均齐式两类。均齐式指在中心线或中心点左右、上下或四面配置同形、同色、同量的图形所组成的形式。相对均齐式是指在中心线或中心点的左右、上下或四周配置不同形（或不同色）的相似或量相同的图形组成的形式，如图2-7所示。

不对称分为均衡与非均衡两类。对称与不对称是指图形占据空间位置的状况而言的。

2. 节奏与韵律

图 2-7

节奏原为音乐术语。在设计中节奏是指在图形变化中所做的有秩序的间歇运动，是条理与反复组织规律的具体体现。它是以一个或一组图形作反复、有条理、有规律的排列所形成的，是在运动的快慢中求得变化，而运动形态中的间歇所产生的停顿能使图形体现得更加突出。节奏的美反映在连续或形态并列的起伏变化中，停顿点形成了单元、主体、疏密、断续、起伏的节拍，构成了有规律的美的形式。韵律是一种和谐美的格律，韵是一种优美的情调和音色，律是规律。这种美的音韵在严格的旋律中进行。韵是音节的基调，既有变化又有协调，形于法中意于法外，是形式美的一种典范，是"多样性统一"的体现，如图2-8和图2-9所示。

图 2-8

图 2-9

3. 均衡与不均衡

均衡指在画中相同或不同的图形要素在画面分布的一种稳定、平衡的视觉效果。不均衡是指相同或不同的图形要素在画面分布中的一种不稳定、不平衡的分布视觉效果，分别如图 2-10 和图 2-11 所示。

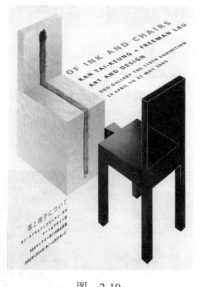

图　2-10　　　　　　　　　　　图　2-11

4. 比例与尺度

比例与尺度是构成美的重要因素。由于它的工艺性，要求结构严谨，适应生产；同时一切事物都有一定的比例与尺度，所以说设计是对比例与尺度的调整。比例是指事物整体与局部或局部与局部之间所产生的尺度、分量关系。比例不是孤立的，而是在比较中显示出来的。不同的比例可产生不同的效果，画面中通过不同的比例对比产生巨大的、渺小的、宽广的、高耸的、狭窄的感觉。任何形式都有比例，但并非任何比例都是美的，因此要通过对比、夸张来突出它的美感，如图 2-12 所示。

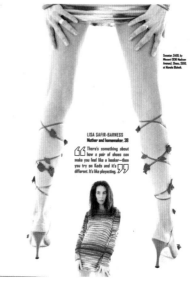

设计中的造型比例虽来自于自然，但不拘泥于自然，它可以按作者的艺术构思，跨时空地进行比例夸张、调整和强化，使形式美感更为突出。公认的最美的比例与尺度是黄金比（1:1.618）与黄金矩形。

图　2-12

5. 空间与分割

分割是将画面分出各种不同的面积和空间，是达到形式美的构成方法。没有分割，就不可能组成美的形式。分割画面是经营位置——构图、构成的手段。通过画面的分割，来达到面积大小的安排、对比、调和。分割即为空间的重新组成，也是从空间的运用来看形式美。造型设计活动中，单纯的形态设计是不能达到完美效果的。只有画面的分割组合，才能形成新的美感形式的空间，如图 2-13 所示。

6. 联想与意境

平面构图的画面通过视觉传达而引发联想，达到某种意境。联想是思维的延伸，它由一种事物延伸到另外一种事物上。

例如，图形的色彩，红色使人感到温暖、热情、喜庆等；绿色则使人联想到大自然、生命、春天，从而使人产生平静感、生机感等。

各种视觉形象及其要素都会使人产生不同的联想与意境，由此而产生的图形的象征意义作为一种视觉语义的表达方法被广泛地运用在平面设计构图中，如图 2-14 所示。

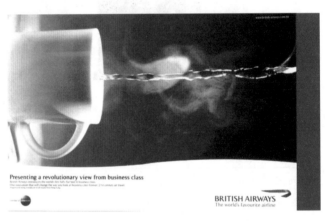

图　2-13　　　　　　　　　　　　　　　　图　2-14

思考与练习

1. 正确理解平面设计的术语。

2. 掌握形式美的规律与形式美的基本法则。

Chapter

字 体 设 计

本章内容

3.1 字体设计概述

文字是人类文化的重要组成部分。无论在何种视觉媒体中，文字和图片都是两大构成要素。文字排列组合的好坏，直接影响其版面的视觉传达效果。因此，文字设计是增强视觉传达效果，提高作品的诉求力，赋予版面审美价值的一种重要构成技术，如图 3-1 和图 3-2 所示。

图 3-1　　　　　　　　　　图 3-2

文字是记录语言的符号，是视觉传达情感的媒体。文字是以"形"的方式体现表达思想，传达感情。文字利用其形，通过音来表达意义。意美以感心，音美以感耳，形美以感目。字体设计既体现出字意，又使之富于艺术魅力。文字是人类文明进步的重要工具，它在社会生活中起着交流情感、传递信息、记录历史、描述现实、揭示未来等语义的表达作用。

字体设计是运用装饰性手法美化文字的一种书写艺术和艺术造型活动。对文字进行完美的视觉感受设计，大大增强文字的形象魅力，在现代视觉传达设计中被广泛地应用，用强烈的视觉冲击效果引起人们的关注。字体设计是现代平面设计的重要组成部分，其设计的优劣与设计者的艺术修养、学识经验等方面因素有关。通过不同的途径扩大艺术视野，充分发挥设计者的艺术想象力，以达到较完美的艺术视觉效果，如图 3-3 所示。

图 3-3

3.2 字体设计范围

字体设计范围包括字形的选择、文字编排、文字装饰、文字形象和文字意义等内容。

3.3 字体设计原则

可读性、艺术性、思想性是字体设计的 3 条主要原则，艺术性较强的字体应该不失易读性，又要突出内容性，因此在设计字体时应该注意下面几个问题。

1. 文字的可读性

文字的主要功能是在视觉传达中向大众传达作者的意图和基本信息，要达到这一目
的，必须考虑文字的整体诉求效果，给
人以清晰的视觉印象。因此，设计中的
文字应避免繁杂凌乱，要使人易认、易
懂，切忌为了设计而设计，忘记了文字
设计的根本目的是为了更好、更有效地
传达设计者的意图，表达设计的主题和
构想意念，如图 3-4 所示效果则显得凌
乱，影响设计意图的表达。

图 3-4

2. 赋予文字个性

字体设计是对文字的美化和装饰。
要注意字体的形式美感变化，使其富有艺术感染力。不仅每个单字造型要优美和谐，还要
注意字体组合后的整体风格要和谐统一，如图 3-5 所示。

文字的设计要服从于作品的风格特征，不能和整个作品的风格特征相脱离，更不能相
冲突，否则就会破坏文字的整体诉求效果，如图 3-6 所示。

3. 在视觉上应给人以美感

在视觉传达的过程中，文字作为画面的形象要素之一，具有传达感情的作用，因此它
必须具有视觉上的美感，能够给人以美的感受。字形设计良好、组合巧妙的文字能使人感
到愉快，留下美好的印象，从而获得良好的心理反应。反之，则使人看后心里不愉快，视
觉上难以产生美感，甚至会让观众拒而不看，这样势必难以传达出设计者想表现的意图和
构想，如图 3-7 所示为一设计效果。

图 3-5

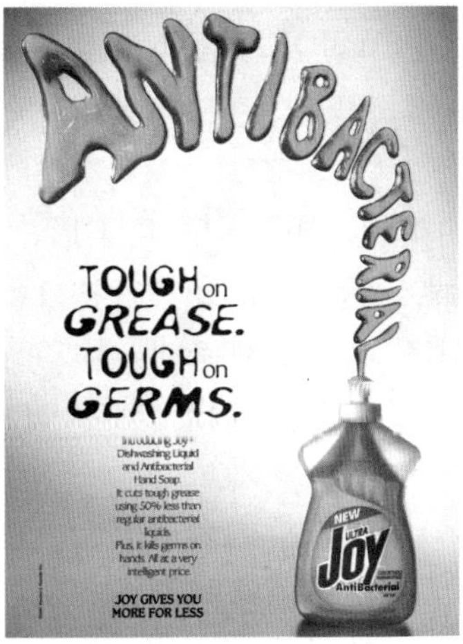

图 3-6

图 3-7

4. 在设计上要富于创造性

根据作品主题的要求，突出文字设计的个性色彩，创造与众不同的独具特色的字体，

给受众以别开生面的视觉感受，有利于设计者表现设计意图。设计时，应从字的形态特征与组合上进行探求，不断修改，反复琢磨，这样才能创造出富有个性的文字，使其外部形态和设计格调都能唤起人们的审美愉悦感受，如图 3-8 所示。

5. 思想性

此处思想性指的是文字的内容性，字体设计离不开文字本身的内容要求，要从文字内容出发，做到准确、生动地体现，不可出现削弱文字的传达意义和文字的思想内涵的倾向。离开具体内容要求的字体设计是空洞的、徒劳的，如图 3-9 所示。

图　3-8　　　　　　　　　　　　　　　　图　3-9

3.4 CorelDRAW X6 基本绘图知识

在绘图中，任何复杂图形都是由点、线、面等基本绘图元素按照一定的方式组成的：由点组成线（直线和曲线）；由直线和曲线进一步组成各种形状的平面图形（如矩形、多边形、椭圆和圆等）；一个复杂的图形图像，就是由这些基本的构图元素通过一定的组合方式构成的。CorelDRAW X6 是一个基于矢量的绘图软件，允许使用各种基本绘图工具来绘制一些基本形状。本章主要介绍 CorelDRAW X6 中基本绘图工具绘制图形的方法。

3.4.1　绘制图形

在 CorelDRAW X6 中，圆和椭圆、矩形和圆角矩形、多边形、曲线及直线等简单形状形成了每个复杂图形的基本元素。这些图形是具有各自不同属性的独立单位，它们具有大小、填充和轮廓等属性，因此在编辑一个对象的形状之前，首先应对其结构有所了解。

手绘工具最主要的特点是能够用来绘制任意形状的直线、曲线及一些简单的自由形状。

在各种绘图工具中，手绘工具自由发挥的余地很大，它允许系统跟踪用户拖动鼠标指针时所经过的轨迹，在起始点和终点的位置之间产生一条直线或者曲线，并且能够以默认的方式消除绘图过程中产生的锯齿，从而使曲线具有较为平滑的外观。

手绘工具的使用方法如下：

（1）启动 CorelDRAW X6 后，单击工具箱中手绘工具的图标，激活手绘工具。

（2）移动鼠标指针到绘图页面中，要注意指针的形状。

（3）在开始绘制直线或者曲线的位置上单击，定位绘图的起始位置。

（4）按住鼠标左键不放，沿弧形走向平滑地拖动鼠标，当到达满意的位置时松开鼠标左键。鼠标指针经过的轨迹处就会出现一条曲线，从而达到绘制的目的；如果在绘制曲线的操作中要去掉部分曲线，只需按住 Shift 键，并沿曲线返回方向拖动鼠标，返回时并不需要严格按照原路径，只要靠近原来的路径即可。初次使用时，会感觉线条并不流畅，这是很正常的现象。

（5）如果在确认第一点时，松开鼠标左键并移动鼠标，然后在屏幕上其他任意位置单击，就会在指针经过区域绘制出一条直线；同时也可以绘制折线，可以将上一条线的某个端点作为下一条直线的起点，在设置端点时按下 Ctrl 键，则直线拐角将被限定为一定的角度，如图 3-10 所示为绘制曲线、直线和折线的效果。

在 CorelDRAW X6 中，利用手绘工具能够绘制自由形状的曲线和直线，并且系统能够自动以默认的方式来确定所绘制的曲线或者直线的线条宽度、线条形状以及曲线表面的光滑程度等。同样也可以通过一些对话框对该工具的属性进行不同的设置，从而使各种工具能够更加得心应手。下面主要介绍设定手绘工具的属性栏的方法。

设置手绘工具属性的方法如下：

（1）单击工具箱中的手绘工具的图标，激活手绘工具。

（2）如果要设置该工具的属性参数，则在工具箱上双击该工具图标，系统会打开如图 3-11 所示的"选项"对话框，并且会自动切换到"手绘 / 贝塞尔工具"选项下，并在该对话框的右边显示有关这两个工具的设置选项。

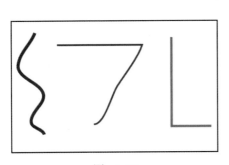

图　3-10

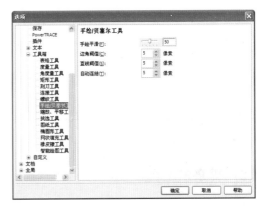

图　3-11

（3）在"手绘平滑"选项中，手绘数值框用来设定手绘工具的平滑程度。默认时，其平滑度为 100，用户可以在 0～100 之间自由选择；该值越大，绘制出的曲线越平滑。要设置手绘工具的平滑度，可以直接在该数值框中输入需要的数值，也可以拖动标尺上的滑块来设置。

（4）如果要指定边角阈值，则在"边角阈值"数值框中输入相应的值。在 CorelDRAW X6 中，"边角阈值"选项用来控制手绘工具在绘制曲线时的平滑角或尖突，以及何时自动勾画位图。数值越小，尖突的趋势越大。其取值范围在 1～10 像素之间。

（5）在"直线阈值"选项中，当以手绘方式绘制曲线时，"直线阈值"数值框用来控制绘制直线或是曲线段，以及何时自动勾画位图。数值越小，绘制的线条越趋于曲线。

（6）"自动连结"数值框用来设置绘制曲线时的自动连接的半径。数值越小，指针越接近已有线段两端的节点，以便下一条线段能自动与其连接。

（7）完成设置后，单击"确定"按钮，返回 CorelDRAW X6 工作窗口。再次使用手绘工具绘制直线或者曲线时，将能够应用上述各项来设置效果。

（8）返回 CorelDRAW X6 工作窗口后，设置线条的宽度，如图 3-12 所示。

图 3-12

注意　　　通过在按住 Ctrl 键的同时进行拖动，即可将用手绘工具创建的线条限制为预定义的角度，称为限制角度。绘制垂直直线和水平直线时，此功能非常有用。

正确设置"限制角度"选项的方法为：选择"工具"→"选项"命令，弹出如图 3-13 所示的工作区类别列表，选择"工作区"→"编辑"选项，弹出如图 3-14 所示的设置角度参数的对话框。

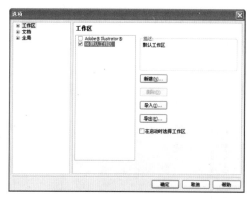

图 3-13

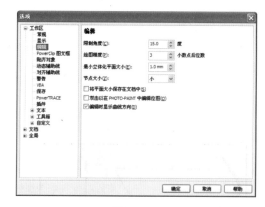

图 3-14

3.4.2　贝塞尔工具

在 CorelDRAW X6 所提供的各种基本绘图工具中，使用手绘工具能够随心所欲地绘制直线和曲线，但当需要绘制精度较高的曲线时，就显得有点力不从心了。因此，CorelDRAW X6 又提供了另外一种绘制曲线的工具，即贝塞尔工具，利用它可以绘制精度较高、线条更为圆滑的曲线。

要绘制出较为圆滑的曲线，使用贝塞尔工具是最简单的方法。但对于初学者来说，贝塞尔工具也许是一种最难以理解的绘图工具，因为不知道在绘制过程中想要的曲线会是什么样子的。当使用该工具时，需在页面上定位一个起点，单击并拖动鼠标，这时出现在屏幕上的不是绘制曲线的轨迹，而是一个以起点为中心的控制柄，这个控制柄用来调整曲线的高度和倾斜度。下面介绍贝塞尔曲线的组成部分。

1. 起点

在 CorelDRAW X6 中，贝塞尔曲线的起点以黑色的小方块来表示，该起点决定于用户使用贝塞尔工具在画面上确定的起点位置。

2. 曲线控制柄

当使用贝塞尔工具绘制曲线时，系统将以起点为中心朝相反的方向上延伸出两条曲线控制柄；控制柄显示为蓝色的虚线，控制柄的两个端点显示为较小的黑色方块。在 CorelDRAW X6 中，一条圆滑的曲线分别由第一控制柄和第二控制柄来控制，如图 3-15 所示。

3. 控制曲线的方向和角度

在使用贝塞尔工具来绘制曲线时，控制柄能够控制曲线的方向和角度。当单击定位起点后向下方拖动时，所得的曲线的顶点位于起点的下方；如果从起点向上拖动，则曲线的顶点位于起点的上方。左半部控制柄的长度和拖动方向决定左半部分曲线的顶点位置和弧度大小。控制柄越长，所绘制的曲线的弧度越小；反之，将能够得到弧度较大的曲线，如图 3-16 所示。

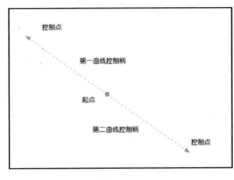

图 3-15

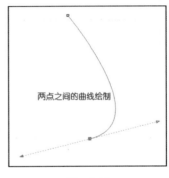

图 3-16

4. 使用贝塞尔工具绘图

和手绘工具一样，使用贝塞尔工具也能够绘制直线和曲线，但贝塞尔曲线必须通过至少两次操作才能够完成一条曲线的绘制。下面主要介绍使用贝塞尔工具绘制直线和曲线的方法。

使用贝塞尔工具绘图的方法如下：

（1）激活工具箱中的贝塞尔工具。

（2）移动鼠标指针到画面的恰当位置单击，将其作为曲线或直线的起始点。

（3）如果要绘制直线，在定位起点后，释放鼠标左键，然后移动鼠标指针到画面其他区域，单击确定终点，在起点和终点之间即会出现一条直线。

（4）如果要绘制曲线，在选择贝塞尔工具后，单击并按住鼠标左键拖动，然后将鼠标指针移到画面相应位置，按下鼠标左键并拖动，两次拖动都会出现以该点为中点的一条带有虚线控制柄的曲线。

（5）如果要使曲线的顶点在起点的上方，则从下向上拖动控制柄；如果要使曲线的顶点在起点的下方，则从上向下拖动控制柄。

（6）如果要得到弧度较大的曲线，那么可使用较短的控制柄；反之，则要使用较长的控制柄。

（7）要调整曲线的最终形状，在每一次定位终点后按住鼠标左键不放，然后拖动控制柄即可。第二控制柄对曲线的最终形状也会产生影响，在绘制的过程中要注意观察它们的不同之处。

CorelDRAW X6 同样为贝塞尔工具提供了一些设置选项。当贝塞尔工具成为工具栏上的当前工具时，双击贝塞尔工具的图标将打开"选项"对话框，在该对话框中允许对贝塞尔工具的一些选项进行设置，从而产生不同的绘制效果。在 CorelDRAW X6 中，贝塞尔工具和手绘工具具有相同的设置选项。

注意　在绘制过程中可以产生以下两种情况。

绘制后面接直线段的曲线段：绘制一条曲线段，双击对应的结束节点，然后在要结束直线段的位置单击，如图 3-17 和图 3-18 所示。

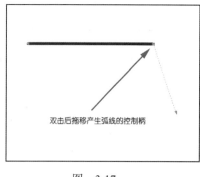

图　3-17

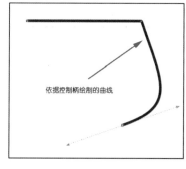

图　3-18

绘制后面接曲线段的直线段：绘制一条直线段。单击该线段的端点，拖动到所需的位置，然后松开鼠标按键。拖动鼠标以绘制一条曲线，如图 3-19 和图 3-20 所示。

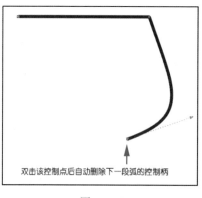

图　3-19

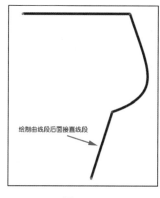

图　3-20

3.4.3　矩形工具

在 CorelDRAW X6 中，矩形和圆角矩形是最为常见的基本几何体。使用矩形工具，能够绘制矩形、正方形和各种圆角度数的圆角矩形，而且同样可以对矩形工具的属性进行设置，从而对该工具进行更好的利用。如图 3-21 所示为矩形属性栏。

图　3-21

- X 与 Y 选项：指矩形在整个绘图区的位置，默认状态下，CorelDRAW X6 中会在绘图区中显示标尺，标尺的原点在纸张的左下角，X 指矩形在水平标尺上相对原点的距离，Y 指矩形在垂直标尺上相对原点的距离。
- 选项：指所绘制的矩形实际宽度值与高度值。
- 选项：指矩形的缩放比例，改变数值，可以改变矩形大小，单击图标，凹进时表示宽度与高度同时改变，凸出时表示宽度与高度不同时改变。
- 选项：可以设置矩形的旋转角度。
- 或 选项：指将矩形水平翻转或者垂直翻转。
- 选项：当圆角半径值大于 0 时，将矩形的角变弯。
- 选项：当圆角半径值大于 0 时，将矩形的角替换为曲线。
- 选项：当圆角半径值大于 0 时，将矩形的角替换为平直边缘。
- 选项：指将矩形进行倒角，可将矩形四周 4 个 90°的角转变为弧形角（称为倒角）。此值取值范围为 0 ～ 100 之间。值为 100 时为最大圆弧角。单击后面的图标可以使 4 个角同时或者分别倒角。凹进时表示同时倒角，凸出时表示不同时倒角。
- 选项：相对于矩形大小来缩放角的大小。
- 选项：设置矩形与文字进行绕排时的方式。
- 选项：可以改变矩形边缘线条的粗细。
- 选项：可将矩形形状转化成曲线，即将矩形看作由曲线线段构成，此项用于对矩形和圆进行编辑。

在 CorelDRAW X6 中，矩形工具可以用两种不同的起点绘制矩形，即以左上角为起点向右下方拖动出矩形，也可以按住 Shift 键以中心点为起点向外辐射成矩形。

1．绘制矩形的方法

（1）激活工具箱中的矩形工具。

（2）在画面中单击并按住鼠标左键不放，向右下方拖动，状态栏中的信息会随着鼠标指针的移动而不断地变化，从而可以观察到坐标的改变。

（3）在移动鼠标的同时观察状态栏显示的宽度和高度信息，直到获得所要大小的矩形，然后释放鼠标左键，从而完成矩形的绘制，或者绘制结束后再改变属性栏参数。

（4）如果在按下鼠标左键的同时按住 Shift 键，然后拖动鼠标，将从中心点向外绘制矩形。如果先释放鼠标左键，然后再松开 Shift 键，那么将会完成从中心向外扩展的矩形的绘制。如果先松开 Shift 键，那么所得矩形将以用户选择的中心点为起点来绘制矩形，这个矩形将比想要的矩形小得多。如果在激活了矩形工具并确定了起点后，按下 Ctrl 键并拖动鼠标，将会绘制出一个正方形；如果同时按下 Shift 和 Ctrl 键并拖动鼠标，将从中心点向外绘制正方形（在绘制过程中，仍然需要先释放鼠标左键，再松开 Shift 和 Ctrl 键）。

2. 精确绘制矩形

在 CorelDRAW X6 中，可以通过拖动矩形工具来绘制矩形或正方形，使用这种方法绘制矩形时，虽然可以根据状态栏上显示的数字信息来确定矩形的大小和方向，但是在具体操作过程中，常常会因误差而导致绘图不够精确。CorelDRAW X6 中提供了使用属性栏来精确定义绘图的方法，如图 3-22 所示。

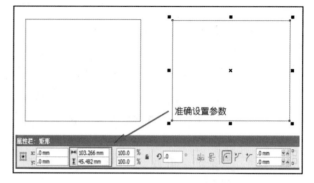

图　3-22

3. 绘制圆角矩形

在 CorelDRAW X6 中，用户还可以把某一选定的矩形或者正方形修改成圆角矩形或圆角正方形，也可以使用选项对话框中的相关设置来直接改变矩形工具的属性，从而使该工具能够直接绘制圆角矩形或者圆角正方形。

（1）激活矩形工具，绘制一个矩形。

（2）确保打开属性栏后，激活选择工具并单击矩形，在其属性栏中的控制"圆角半径"数值框中输入需要的圆角半径的值，该值的范围在 0 ~ 100 之间，如图 3-23 所示。

（3）默认时，CorelDRAW X6 将自动启用"将圆角同时变圆"选项。当改变某一个角的圆角半径值

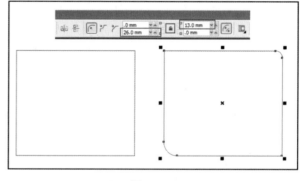

图　3-23

时，其他几个数值框会保持与该值一致。按 Enter 键后，将得到一个指定圆角半径的圆角矩形，并且该圆角矩形的 4 个角具有相同的圆角半径。

（4）如果要把 4 个圆角设置成不同的大小，则打开"将圆角同时变圆"选项；然后分别在各个数值框中输入不同的圆角半径值。4 个数值框分别控制矩形左上角、左下角、右上角和右下角的圆角半径。

（5）完成设置后，按 Enter 键，该设置将作用于选定的矩形对象上。

（6）如果对圆角没有具体要求，只使用鼠标也可以把矩形或者正方形修改成圆角矩形或圆角正方形。即激活形状工具选定矩形或者正方形，然后移动鼠标指针到矩形或正方形的 4 个角上的任一个节点上，这时指针变成"十"字形。单击并拖动，即可改变矩形或正方形的圆角半径，如图 3-24 所示。

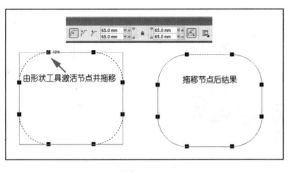

图 3-24

 注意　　通过使用3点矩形工具 ▯，指定宽度和高度，同样可以绘制矩形或方形。3点矩形工具允许用户以一个角度快速绘制矩形。

3.4.4　椭圆形工具

在 CorelDRAW X6 中，工具箱中的椭圆形工具可用于绘制椭圆和圆。默认状态下，该工具能够绘制椭圆，如果结合相应的功能键，还能够绘制出圆、饼形和弧形等。此外，双击椭圆形工具会打开"选项"对话框，从中可设置椭圆形工具的属性。

激活工具箱中的椭圆形工具 ◯，在绘图区单击鼠标并拖曳，可拖动出一个椭圆形来。激活挑选工具 ▸ 并选中椭圆形后，椭圆形的周围有 8 个黑色小方块，在其属性栏中会出现如图 3-25 所示的属性栏。

图 3-25

椭圆形工具的属性选项大多数和矩形功能相同，这里仅将几个不同的选项加以说明。

- ◯ ◔ ◜ 选项：这 3 个选项分别指绘制椭圆形、绘制饼形和绘制弧形。绘制的图形如图 3-26 所示。
- ⟨90.0⟩ 选项：在弧形绘制中控制弧形的角度。

在绘制椭圆时，由于选择的起点位置不同，显示出来的节点位置也不同。如果起点位置在要画的椭圆的上部，节点将位于椭圆的最高点；如果起点位置在要画的椭圆的下部，则节点将位于椭圆的最低点。在 CorelDRAW X6 中，椭圆只有一个节点。

1. 绘制椭圆和圆

（1）激活工具箱中的椭圆形工具，在画面内任一位置单击作为椭圆的起点。

（2）按住鼠标左键不放，向右下方拖动鼠标来控制椭圆的形状和大小，在状态栏上会显示椭圆的相关信息，从而可以观察到坐标的变化。

（3）在确定了椭圆的大小和形状后，释放鼠标左键。绘制后的椭圆处于选中状态，周围有 8 个黑色的控制块和一个中心点，最高点有一个节点，如图 3-27 所示为圆与椭圆的节点位置。

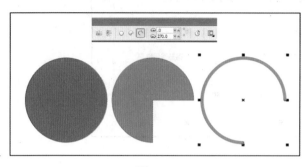

图　3-26

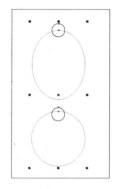

图　3-27

（4）如果在第（3）步中按住鼠标左键不放从下向上拖动，则可得到节点在最低点的椭圆。

（5）如果在第（3）步中按住鼠标左键的同时按下 Ctrl 键拖动，将得到一个圆。该圆的节点位置同样由拖动鼠标的方向来决定。在使用椭圆形工具绘制圆的过程中，完成绘制后必须首先释放鼠标左键，然后再释放 Ctrl 键，否则得到的仍然是椭圆，而不是圆。在绘制的过程中按下 Shift 键，将从中心向外绘制椭圆，按下 Shift+Ctrl 快捷键，将从中心向外绘制圆。

在 CorelDRAW X6 中，除了使用鼠标以默认的设置绘制椭圆和圆以外，还允许使用属性栏中数值框来精确控制椭圆和圆的大小。只需选定该对象，然后改变属性栏中的参数即可。

2．绘制饼形

CorelDRAW X6 中提供了几种不同的绘制饼形方法：用户可以直接使用鼠标拖动来绘制，也可以使用属性栏来绘制，或者改变选项对话框中椭圆形工具的参数设置，使该工具完全变成饼形工具等。

注意　　　默认时，以逆时针方向绘制饼形；如果要按顺时针方向生成饼形，则需单击禁用椭圆属性栏上的逆时针按钮。

3．绘制弧形

使用椭圆形工具还能够绘制弧形。绘制弧形的方法与绘制饼形大致相同，同样可以使用椭圆形工具，或者椭圆形属性栏，或者通过选项对话框中有关椭圆形工具的参数设置选项来进行。在 CorelDRAW X6 中，当单击椭圆形属性栏上的弧形按钮后，如果选定了某一椭圆或者饼形，则会把它们变成弧形；如果没有选定对象，则可以使用椭圆形工具在画面上绘制一个指定起始角度和终止角度的弧形。CorelDRAW X6 同样允许改变弧形起始角度和终止角度的值，也可以选择是使用逆时针方向得到的弧形还是使用顺时针方向得到的弧形等。

3.4.5　多边形工具

在 CorelDRAW X6 中，利用多边形工具可以快速方便地绘制丰富的几何图形。在该工具的弹出式工具栏中，可以创建的基本形状包括多边形、星形、复杂星形和图纸及螺纹，如图 3-28 所示。在 CorelDRAW X6 中，多边形是可以具有 3 ～ 500 条边的封闭形状；
星形是穿过形状内部绘制的线条，并将各顶
点相连，通过调整"多边形的鲜明化"参数，
可以控制顶点与顶点之间的连接方式。而且
随着"多边形的鲜明化"参数增大，复杂星
形上的顶点变得更加突出，因此，这类星形
被称作"交叉星形"。此外，多边形也可以是
星状的，但是所组成的线条不穿过形状的内

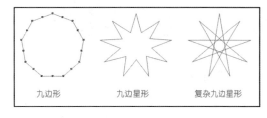

图　3-28

部，而形成一个个"星"的形状，称作"完美星形"，是外观传统的星形，可以对整个图
形应用"填充"命令。下面将系统地介绍使用多边形工具创建不同边数的多边形、星形以
及复杂星形的方法。

1. 绘制多边形

在 CorelDRAW X6 中，默认状态下可以使用工具箱中的多边形工具来绘制五边形或
者正五边形。

绘制多边形的方法如下：

（1）单击工具箱中的多边形图标，从其弹出式工具栏中选择多边形工具。

（2）移动鼠标指针在画面任意位置上单击，以确定一个起点。

（3）沿对角线拖动鼠标绘制多边形，在默认时将自动绘制五边形。

（4）观察状态栏上显示的坐标信息，以控制多边形的大小和
位置，将得到一个五边形。

（5）如果从起始位置向下拖动，可得到一个正五边形；反之
则会产生一个倒立的五边形，如图 3-29 所示。要绘制边长相等的
多边形，在拖动时按住 Ctrl 键，并在松开 Ctrl 键之前释放鼠标左
键。按住 Shift 键拖动多边形工具，能够以单击点为中心向外绘制
多边形。按住 Shift+Ctrl 快捷键拖动多边形工具，能够以单击点
为中心向外绘制正多边形。

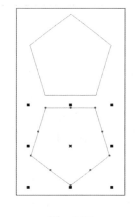

（6）如果要更改多边形的边数，可以使用多边形属性栏来进
行。在该属性栏中，在"多边形点数"数值框中输入恰当的数值，

图　3-29

然后按 Enter 键即可。用户可以在数值框中直接输入想要的边数，
也可以单击向上或向下箭头，单击一次，边数增加或减少 1。边数越多，多边形就越接近
于一个圆。

2. 绘制星形

在 CorelDRAW X6 中，星形也是多边形的一种。由于组成星形的线条穿过最终形状
的内部，所以在绘制星形时，CorelDRAW X6 还允许使用不同的锐度值来设置各角之间的
连接方式。而且随着锐度级别的增加，星形的点变得更加突出。下面主要介绍使用多边形
工具结合属性栏来绘制星形的方法。

（1）单击工具箱中的多边形工具图标，并从其弹出的工具栏中激活星形工具。

（2）如果没有打开属性栏，则右击工具箱的空白区域，从弹出的快捷菜单中选择"属

性栏"选项。

（3）将指针在想要绘制多边形的位置上单击，按住鼠标左键不放，沿对角线拖动鼠标绘制星形。要绘制边长相等的星形，在拖动时按住 Ctrl 键。在松开 Ctrl 键之前松开鼠标左键。

（4）如果要更改星形的点数，在属性栏上的"多边形点数"数值框中输入合适的数值，然后按 Enter 键。

（5）如果要设置星形锐度，可以在"锐度"数值框中输入需要的数值，其最大值为99。也可以拖动滑块来实现，如图 3-30 所示为调节锐度值前后的对比效果。

3．绘制复杂星形

在 CorelDRAW X6 中，复杂星形的绘制方法与星形绘制方法一样，所不同的是锐度值的最大值不是定值，它随复杂星形的边数变化而变化，如图 3-31 所示为调节锐度值前后的对比效果。

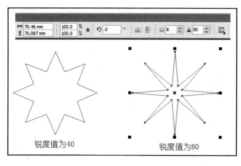

图 3-30

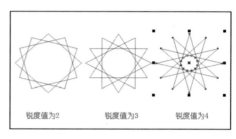

图 3-31

4．绘制图纸

多边形弹出式工具栏上的图纸工具是另外一个能够在 CorelDRAW X6 中用来绘制背景图案的工具。主要用于在工作区中绘制出一个距离相等或者不等的网格，在绘图过程中利用它来精确定位，也可以为所绘制出的图形加上背景图案。

绘制图纸的操作步骤如下：

（1）激活图纸工具。

（2）移动鼠标指针到画面上单击并拖动，即可用默认的行和列数来绘制图纸，如图 3-32 所示。

（3）如果要改变默认设置，则需启用属性栏。

（4）在该属性栏上的图纸的行和列的数值框中输入所需的行数、列数，如图 3-32 所示。

（5）如果要绘制正方形图纸，其方法同绘制多边形一致，需正确使用 Ctrl 键和 Shift 键。

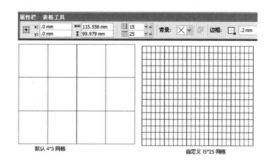

图 3-32

3.4.6　螺旋形工具

选择螺旋形工具能够绘制螺旋线。和以前版本一样，在 CorelDRAW X6 版本中共有两种螺旋线类型：对称式螺旋线和对数式螺旋线。在对称式螺旋线中，每圈螺旋线的间距固定不变；而在对数式螺旋线中，该间距是随着螺旋线向外渐进而增加的。此外，使用螺旋形工具创建的螺旋线属于曲线对象，可以像编辑任何直线或曲线一样对其进行编辑。

1. 绘制对称式螺旋线

默认情况下，使用螺旋形工具将绘制对称式螺旋线，这时所得到的螺旋线中每圈螺纹的间距固定不变。总体来说，螺旋线的外形类似于椭圆或者圆。如果要得到一个垂直方向和水平方向直径相等的螺旋线，可按下 Ctrl 键；如果要从单击点向外辐射绘制螺旋线，可按下 Shift 键；如果要设置螺旋线的圈数，可使用属性栏来进行。

对称式螺旋线的绘制方法如下：

（1）激活工具箱中的多边形工具按钮，从其弹出式工具栏中选择螺旋形工具。

（2）移动鼠标指针到画面上任意位置单击确定绘图的起点。按住鼠标左键拖动，观察状态栏上显示的大小信息。

（3）根据坐标参数确定对称螺旋线，并且其自动处于选中状态，如图 3-33 所示。

（4）如果要改变螺旋线的圈数或者控制螺旋线的大小，在选定螺旋线后，右击工具箱中的空白区域，从弹出的菜单中选择属性栏。

（5）在该属性栏上的螺旋线圈数的数值框中输入一个数字以指明所需的螺旋线圈数。使用的圈数越多，螺旋线就越紧密，默认设置是 4 圈。要绘制具有相同水平和垂直尺度的螺旋线可按住 Ctrl 键，然后沿对角线拖动鼠标绘制螺旋线。先释放鼠标左键，然后松开 Ctrl 键，如图 3-34 所示。

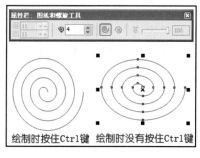

图　3-33

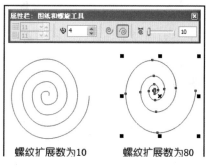

图　3-34

2. 绘制对数式螺旋线

在 CorelDRAW X6 中，对数螺旋线和对称螺旋线的绘制方法大致相同，但是它们的工作原理以及计算方法却截然不同。对数螺旋线越往中心位置越紧密，越向外则越松散。

对数螺旋线的绘制方法如下：

（1）用同样的方法，激活螺旋形工具并打开属性栏。

（2）单击该属性栏上的对数螺旋线工具按钮。

（3）拖动螺纹扩展参数滑块，向右移动，可增加螺旋线向外延伸时所展开的数量；将滑块向左移动可以减少该数量。

（4）将指针移动到要绘制螺旋线的位置上单击定位起点，沿对角线拖动鼠标绘制螺旋线，得到对数螺旋线。

注意　螺旋形工具是 CorelDRAW X6 中一种非常有用的工具，利用它可以方便地绘制出不同形状的螺旋线。需要注意的是，使用螺旋线工具创建出来的是和直线、曲线相类似的对象，具有开放式的路径，可以对它进行一些编辑操作，但它不具备填充属性。

3.4.7　表格工具

表格工具是 CorelDRAW X6 中的新增工具，可以向图中添加表格，以创建文本和图像的结构布局；可以选择、移动和浏览表格组件；可以在表格中插入行和列，也可以从表格中删除行和列；可以调整表格单元格、行和列的大小，可以对其进行分布以使所有行或列大小相同；可以修改表格和单元格边框更改表格的外观，可以更改表格单元格页边距和单元格边框间距。可以轻松地向表格单元格中添加文本；可以将表格文本转换为段落文本；可以通过合并相邻单元格、行和列来更改表格的配置方式；可以像处理其他对象那样处理表格；可以通过添加背景颜色来更改表格的外观；可以通过从 Quattro Pro (.qpw) 和 Microsoft Excel(.xls) 电子表格中导入内容来创建表格；可以导入在文字处理应用程序（如 WordPerfect 或 Microsoft Word）中创建的表格。

1. 创建表格

（1）激活表格工具，如图 3-35 所示，在属性栏上的"行数"和"列数"数值框中输入值。顶部输入的值用来指定行数，底部输入的值用来指定列数。

图　3-35

（2）沿对角线拖动鼠标以绘制表格；还可以通过选择"表格"→"创建新表格"命令，然后在"创建新表格"对话框中的"行数"、"列数"、"高度"以及"宽度"数值框中输入值来创建表格。

2. 修改表格

（1）如果要选择表格、行或列，只需选择"表格"→"选择"→"单元格 / 行 / 列 / 表格"命令即可，然后进行其他必要的工作。

（2）如果要在选定的行或列中插入行和列，只需选择"表格"→"插入"→"行上方 / 行下方"命令即可，如图 3-36 所示。

（3）如果要在选定的行或列中插入多个行和列，只需选择"表格"→"插入"→"插入行 / 列"命令即可。在"行 / 列数"数值框中输入一个值，然后启用"在选定行上方 / 下方"选项即可。

图　3-36

（4）如果要调整表格单元格、行或列的大小，选择要调整大小的单元格、行或列，在属性栏上的"高度"、"宽度"数值框中输入值即可。如果要使所有选定行或列的高度相同，则选择"表格"→"分布"→"行 / 列均分"命令即可，如图 3-37 所示。

3. 修改表格边框和单元格边框

修改如图 3-38 所示的表格边框和单元格边框的方法如下：

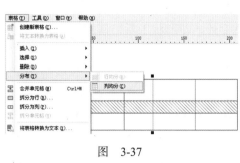

图 3-37

图 3-38

（1）选择要修改的表格或表格区域，包括单元格、单元格组、行、列或整个表格。

（2）依次单击属性栏上的"边框"/"宽度"/"轮廓笔"按钮，选择相应内容。

4. 处理表格中的文本

单元格中的文本被视为段落文本。因此，可以像修改其他段落文本那样修改表格文本。例如，可以更改字体、添加项目符号或缩进、横排、竖排等，合并、拆分表格和单元格的方法与 Word 中的方法一致，如图 3-39 所示。

5. 向表格添加图像、图形和背景

向表格添加图像、图形和背景的方法如下：

（1）在表格单元格中插入图像或图形时，先复制图像或图形，然后激活表格工具，选择要插入图像或图形的单元格，选择"编辑"→"粘贴"命令即可。

（2）向表格添加背景颜色时，先激活表格工具，然后单击表格。打开"背景颜色"挑选器，然后单击调色板上的颜色即可，如图 3-40 所示。

图 3-39

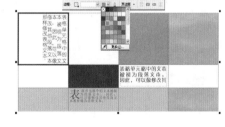

图 3-40

3.5 使用形状工具进行变形

在 CorelDRAW X6 中，图形对象都是由路径组成的。路径分为开放路径和闭合路径两种，无论是开放路径还是闭合路径，都由节点和线段组成。

所谓节点是指线段（曲线段）的端点。拖动一个或多个节点，可改变直线或曲线的形状（即更改路径方向）。线段是指两个节点之间的路径部分，用户可以通过操作一个对象的节点和线段来更改其形状，这就叫做路径调整。

本节主要介绍 CorelDRAW X6 中基本图形的编辑技巧，包括选定图形对象，移动图形对象，删除或者复制、粘贴图形对象等。

CorelDRAW X6 提供了功能强大的编辑对象工具，即形状工具，使用它能够方便地调整图形对象的外观形状。

对象是指能够独立应用各种绘图属性，并且不能够再次分割的基本绘图元素。CorelDRAW X6 的对象可以是任何基本的绘图元素，或者是一行文字、直线、曲线、椭圆和圆、多边形和螺旋线、矩形和圆角矩形、标注线和连接线，以及美术字文本、段落文本等。创建完一个简单对象后，就可以定义出它的特征，如填充颜色、轮廓颜色、曲线平滑度等，并对其应用特殊效果。在这些信息中，包括对象在屏幕中的位置、创建的顺序以及定义属性等，都将作为对象描述的一部分在 CorelDRAW X6 中被保存。当用形状工具选中对象时，节点就以小方块的形式表示出来。变形曲线时，可以移动、增加或删除节点，操纵控制柄等；变形直线只包括拉长或缩短直线的长度，如果想进一步对直线进行变形，可以首先将直线转化为曲线对象，然后再进行变形操作。

3.5.1 拖动节点改变图形

在对图形对象进行变形前，必须先选中要进行操作的节点。在 CorelDRAW X6 中，首先在工具箱中激活形状工具，然后在画面中单击某个对象，此时对象上的节点都呈现出一种空心小矩形的状态。当把鼠标指针移动到某一个节点上时，节点会变大，单击该节点，节点会由空心小矩形变为黑色实心小矩形，如果是曲线上的节点则该节点的控制柄会显示出来；同时，该节点相邻控制点的控制柄也变成实心小矩形，且显示出靠近该节点的控制柄，如图 3-41 所示。若要选择多个节点，可以使用多选择法，即按住 Shift 键，依次选

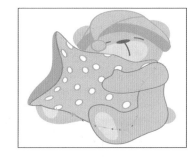

图 3-41

择多个节点；也可用圈选法，即在页面上用鼠标拖出一个虚框来选择点。

3.5.2 拖动控制柄改变图形

移动节点和控制节点可以交互式修改曲线对象。用形状工具选择节点，然后拖动节点可以改变节点的位置。同时，移动节点时，可以拉伸、缩短或移动与节点相连的曲线线段，即当两个节点间的距离加大或减少时，节点间的线段将自动伸长或缩短以适应这种变化。当拖动节点时，控制柄的长短和方向都不发生变化。当拖动控制点时，可以改变曲线的曲率及曲线线段的形状。不同类型的节点，拖动控制柄时，作用是不同的。如图 3-42 所示为调整节点时产生的效果。

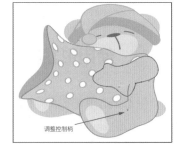

调整控制柄

图 3-42

3.5.3 增加或删除节点改变曲线形状

当一个路径中节点比较多时，有利于用户修改路径和微调对象，但同样会使曲线不够平滑。由于矢量图形是采用数学公式来定义的，所以当节点多时，会使路径描述比较复杂，

使文件过大；反之，当路径中的节点较少时，用户编辑曲线对象的自由度要受到限制，但可以减小文件的大小，使曲线较为光滑。总之可以根据具体工作的需要，利用形状工具在曲线上添加或删除节点。

使用形状工具增加节点有以下 3 种方法：

- 在要添加节点处双击，可以添加一个节点。
- 在要添加节点处按住鼠标左键不放，同时按下数字小键盘上的"+"键，可以添加一个节点（必须是数字小键盘上的"+"键）。
- 先选择一个现有节点，然后按下小键盘上的"+"键，则节点前后的适当位置上会添加一个节点。

以上所说的方法对于椭圆和矩形无效，只有把它们曲线化后，才可如此操作。如要删除节点，先选择此节点，然后双击或按 Delete 键删除此节点。

3.5.4 拖动曲线本身改变曲线形状

以上介绍了拖动曲线上的节点与控制柄对曲线变形的操作方法，这两种方法往往称作间接法改变曲线形状，同样，使用形状工具也可以直接拖动曲线上的任何部位，从而达到变形的目的。

拖动曲线本身改变形状的操作步骤如下：

（1）在工具箱中激活形状工具。

（2）将指针移动到曲线区域内单击，选中曲线，此时曲线上的节点都显现出来。

（3）将指针移动到曲线上任意一节点，按住鼠标左键不放且向任意方向拖动，曲线即随着指针的移动而改变形状。如图 3-43 所示为拖动曲线尖端节点将其变形的过程。

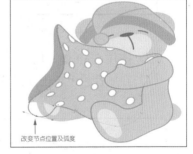

改变节点位置及弧度

图 3-43

3.5.5 使用属性栏修改路径

在 CorelDRAW X6 中，使用形状工具固然可以非常方便地进行节点编辑，但功能毕竟是有限的。要想对于路径和节点进行全面的编辑，还必须使用"编辑曲线、多边形和封套"属性栏来进行，如图 3-44 所示。在工具箱中激活形状工具时，此属性栏便会出现，该属性栏中提供了几乎所有的节点编辑工具。下面将分别介绍该属性栏上各功能按钮的主要功能（如果尚未打开属性栏，右击工具箱中的空白区域，然后从其弹出的快捷菜单中选择"属性"命令即可）。

图 3-44

1. 添加节点和删除节点

当选中一个或多个节点时，"编辑曲线、多边形和封套"属性栏上的"添加和删除"按钮将成为有效状态，表明可以通过双击或者按下"+"键在选定的位置上添加节点。添加节点和删除节点的操作方法前面已经详细讲解，在此不再赘述。

2. 连接节点

对于一个开放的路径，或者一个具有子路径的对象，可以通过连接两个节点按钮把两个节点连接起来。该按钮通过连接开放路径两端的节点，不但可以闭合该开放路径，而且如果路径是同一对象的子路径，也可以连接不同路径上的两端节点。但是不能连接两个不同对象的节点。例如，如果绘制了两条曲线，然后决定要连接它们，就必须首先将它们组合成单个曲线对象，然后再连接两端节点。对于开放路径，只可选择两个端点进行此操作，选择中间的节点，此按钮无效。

连接节点的操作步骤如下：

（1）创建两条曲线，如图 3-45 所示。

（2）按住 Shift 健，利用挑选工具并分别单击两条曲线，将两条曲线选中，选择"排列"→"结合"命令把它们合并成一个整体，如图 3-46 所示。

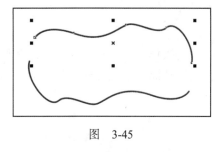
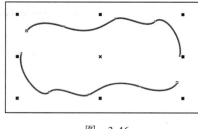

图 3-45　　　　　　　　　　　　　　　图 3-46

（3）按住 Shift 健，用形状工具分别选择两条曲线的端点，如图 3-47 所示。

（4）在属性栏上单击连接两个节点按钮，这时两条曲线连为一条曲线，如图 3-48 所示。

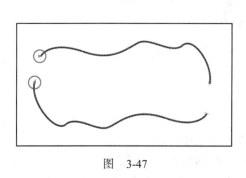
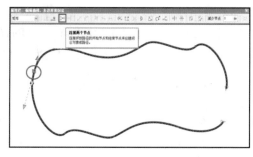

图 3-47　　　　　　　　　　　　　　　图 3-48

（5）分别选择此曲线的另外两个端点，利用形状工具拖动一个节点与另一个节点重合，同样可以达到目的。此时开放路径变成了闭合路径。

连接两个节点的操作与自动闭合路径的操作有着本质的区别。一是功能不同，连接节点的操作不仅可以闭合开放路径，而且可以连接两个组合子路径为一条路径。二是手段不同，以闭合一个开放路径为例，自动闭合路径的操作，是用一条直线把两个端点连接起来；而连接两个节点的操作，是根据需要在两个节点的中间位置创建一个节点，然后平滑地创建线段，完成操作后，所选择的两个节点都没有了。

3. 分割路径

使用"编辑曲线、多边形和封套"属性栏上的"分割曲线"按钮，可以在任一点断开曲线对象的路径。它可以将封闭的曲线对象转换为开放的曲线对象，也可以将开放路径断开为一个或多个子路径。此外，当断开路径时，任何创建的子路径和节点都保持为原始对象的一部分。

分割路径的方法如下：

（1）绘制一个多边形并填充，如图 3-49 所示。

（2）对于圆或矩形等多边形，则需激活挑选工具选定多边形，然后在其属性栏上单击"转变为曲线"按钮，如图 3-50 所示。

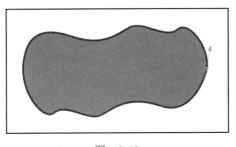

图　3-49

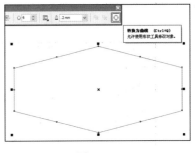

图　3-50

（3）激活形状工具，单击多边形上的一个节点以选定它，这时会显示出"编辑曲线、多边形和封套"属性栏。

（4）在该属性栏上单击"分割曲线"按钮，则此时多边形的填充消失，如图 3-51 所示。用鼠标拖动该节点后会发现，刚才选择的节点处出现了两个节点，此时已形成了开放路径的两个端点，如图 3-52 所示。

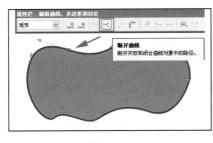

图　3-51

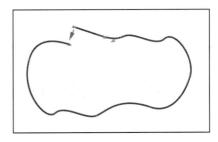

图　3-52

4．直线与曲线的转换

"转换直线为曲线"和"转换曲线为直线"按钮用于实现直线段和曲线段之间的转换。当选定对象是一条直线或者曲线中有一段为直线时，用户选择了直线的端点或者曲线中的直线段两端的节点时，"编辑曲线、多边形和封套"属性栏上的"转换直线为曲线"按钮有效。单击后，可以在直线的中间加上两个带有控制柄的节点，使直线变为曲线，如图 3-53 ～图 3-57 所示为直线与曲线的互换过程。

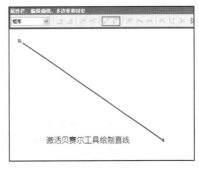

图　3-53

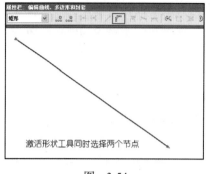

图 3-54

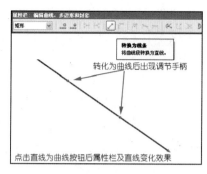

图 3-55

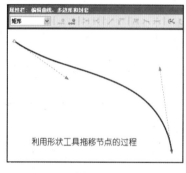

图 3-56

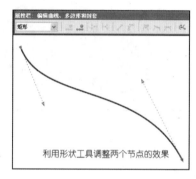

图 3-57

当对象是一条曲线时，选择其中曲线段上的一个节点，在"编辑曲线、多边形和封套"属性栏中单击"转换曲线为直线"按钮，这时会在该节点和它前面的那个节点间创建一条直线。

5. 改变节点的类型

节点共有 3 种类型：尖突型、平滑型和对称型。

- 尖突节点 ：当拖动其中一个控制柄时，对于另一个控制柄无影响，仅影响本段曲线的曲率，但对于曲线的整体效果产生影响，一般用于曲线发生方向突变的情况。
- 平滑节点 ：当拖动其中一个控制柄时，另一个控制柄的方向也发生变化，使两个控制柄在同一条直线上，以保持曲线的平滑度。
- 对称节点 ：当拖动其中一个控制柄时，另一个控制柄不仅在方向上发生变化，使两个控制柄在同一条直线上，而且其长度也发生变化，使两个控制柄的长度保持一样。拖动节点，可以改变节点位置；拖动控制柄可以改变曲线的曲率。

在绘制了对象之后，可以选择节点来重新设置节点类型，从而达到改变曲线形状的目的。

改变节点类型的方法如下：

（1）激活工具箱中的形状工具，单击某一对象，使它显示出节点。选择一个节点，此时该节点当前的类型按钮无效，另外两种类型按钮有效，如图 3-58 所示。

（2）选择其中的一种类型可以改变节点性质。但在一些情况下，可能此节点仅有一种类型或两种类型，如一条曲线段和一条直线段相接时，节点不可能为对称型。也可以选择多个节点，成批转换类型，如图 3-59 所示。

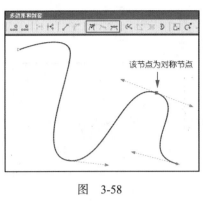

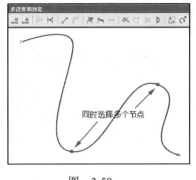

图　3-58　　　　　　　　　　　　　　　　图　3-59

改变图形上节点类型的方法如下：

（1）激活多边形工具，按图 3-60 所示设置属性栏相关参数并绘制八边形，然后激活形状工具，拖动节点如图 3-61 所示。

（2）激活形状工具，选择某个节点后，如图 3-62 所示，单击属性栏上的"转换直线为曲线"按钮。

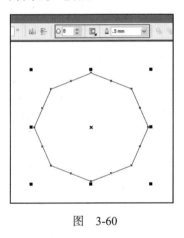

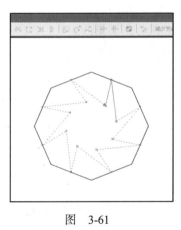

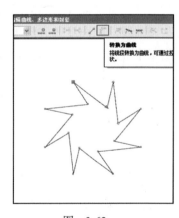

图　3-60　　　　　　　　　　图　3-61　　　　　　　　　　图　3-62

（3）如图 3-63 所示，拖动该节点上的控制柄，效果如图 3-64 所示。再选择另一个节点，用同样方法拖动控制柄，如图 3-65 所示。

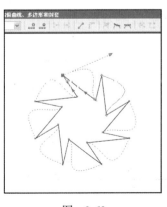

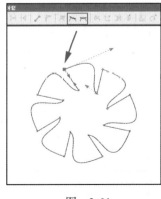

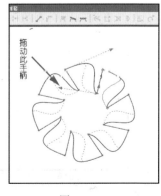

图　3-63　　　　　　　　　　图　3-64　　　　　　　　　　图　3-65

（4）激活渐变填充工具，如图 3-66 所示设置参数。单击"确定"按钮，效果如图 3-67 所示。

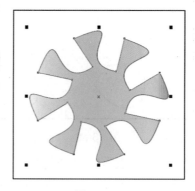

图 3-66   图 3-67

6. 曲线反向的调整

在添加节点、改变节点属性等操作时，经常会涉及有关曲线方向的问题。如从左向右画一条曲线，则曲线的方向是从左到右，如果改变某个节点的属性，则首先改变的是该节点的左边曲线的性质。使用"编辑曲线、多边形和封套"属性栏上的"反转曲线反向"按钮，可以使曲线的方向反向，如图 3-68 所示为同一条曲线的变化效果。

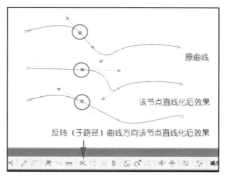

图 3-68

7. "延长曲线使之闭合"及"自动闭合曲线"按钮的使用

"编辑曲线、多边形和封套"属性栏上的"自动闭合曲线"按钮和"延长曲线使之闭合"按钮都可以使开放路径变为闭合路径。两者的区别在于：

"自动闭合曲线"按钮是当选择了这个开放路径而未选择其中的节点时就可以实施的。

"延长曲线使之闭合"按钮只有在选择了路径的两个端点后才有效，曲线两个端点分别为空心和实心。

（1）如图 3-69 所示，绘制两条曲线，然后按住 Shift 键全选两条路径，选择"排列"→"合并（结合）"命令，效果如图 3-70 所示。

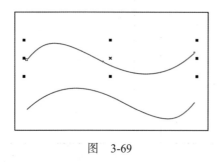

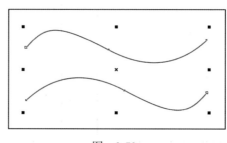

图 3-69   图 3-70

（2）激活形状工具，此时效果如图 3-71 所示，注意观察属性栏及节点。单击"自动闭合曲线"按钮，效果如图 3-72 所示。

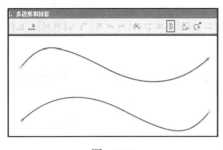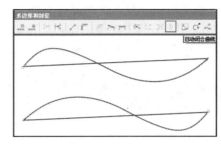

图 3-71　　　　　　　　　　　　　图 3-72

（3）仍以图 3-71 所示效果为基准，激活形状工具，同时选择左端的两个节点，效果如图 3-73 所示。单击"延长曲线使之闭合"按钮，效果如图 3-74 所示。

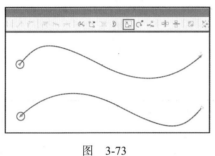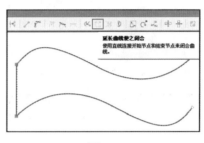

图 3-73　　　　　　　　　　　　　图 3-74

 在一个合并的复合路径中，若分别选择了两条曲线的一个端点，则在这两个端点间连接一条直
注意　线，但需将两条路径结合。

8. 提取子路径

有关子路径的含义已在前面有所阐述，下面介绍如何提取子路径。提取子路径实际上就是拆分合并的复合体，把复合对象拆分开。

提取子路径的操作步骤如下：

（1）用同样方法将图 3-74 中的另外两个节点连接，把图形的轮廓线设置为 24 磅。此时轮廓线默认为黑色，如图 3-75 所示。

（2）选择"排列"→"将轮廓转换为对象"命令，这时图形的轮廓形成一个带有子路径的对象，如图 3-76 所示。

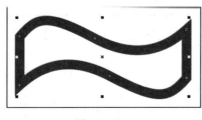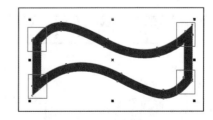

图 3-75　　　　　　　　　　　　　图 3-76

（3）将轮廓转换为对象后，对象的属性完全改变。此时只需单击调色板中的颜色，即

可改变矩形轮廓的颜色，如图 3-77 所示。

（4）激活形状工具，选择带有子路径的对象上的任一节点，这时"编辑曲线、多边形和封套"属性栏上的"提取子路径"按钮有效，如图 3-78 所示。单击该按钮，执行一次拆分操作，两条路径分离效果如图 3-79 所示。

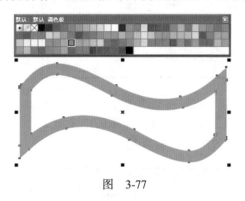

图　3-77

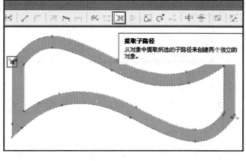

图　3-78

（5）用挑选工具选择两个路径中的一个，填充颜色并可以把两者分开，这说明提取子路径成功，效果如图 3-80 所示。

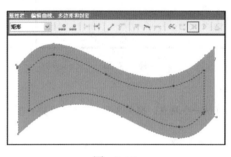

图　3-79

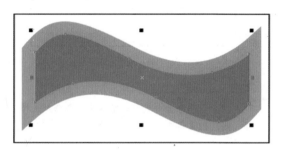

图　3-80

9. 伸长、缩短、旋转和倾斜节点间的连线

"编辑曲线、多边形和封套"属性栏上的"延长和缩短节点连线"按钮及"旋转和倾斜节点连线"按钮用于对一条曲线中的部分线段进行操作。当用户使用形状工具选择了一个或两个以上的节点时，这两个按钮都有效。要伸长和缩短节点间的连线，如图 3-81 和图 3-82 所示，可拖动一组手柄来变换节点来实现。要旋转和倾斜节点间的连线，如图 3-83 和图 3-84 所示，可拖动一组手柄来变换节点来实现。单击上述两个按钮时，被选择的部分成了被选中对象，用户可以通过这两个按钮对该线段进行缩放、旋转、倾斜等操作。

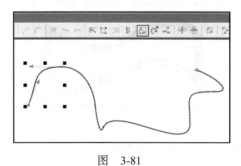

图　3-81

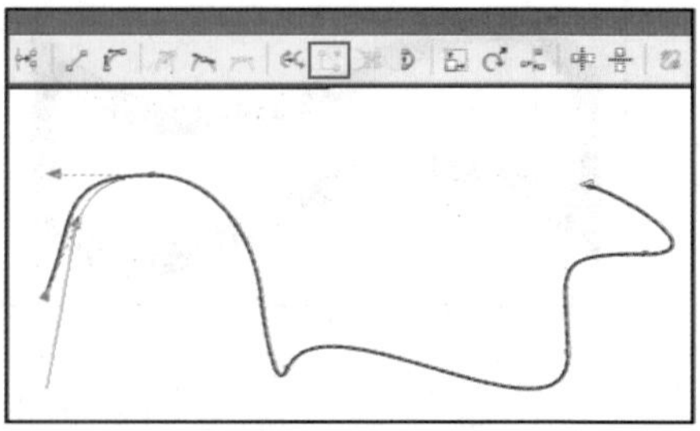

图　3-82

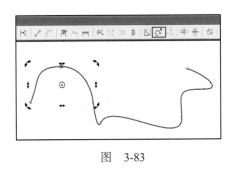

图 3-83

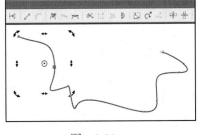

图 3-84

10. 使用弹性模式

在 CorelDRAW X6 中，当用户使用"编辑曲线、多边形和封套"属性栏进行节点的编辑或路径的修整时，可以决定是否单击"弹性模式"按钮进入弹性模式。当用户选择使用弹性模式时，节点按比例从基本节点（即正在拖动的节点）移动一段距离，可使曲线随着鼠标的移动具有弹性、膨胀、收缩等效果。

3.6 使用刻刀工具进行变形

在 CorelDRAW X6 中，刻刀工具能够将某一选定对象明显地拆分为两部分或更多的部分，从而为只使用对象的某一部分提供了方便。此外，还允许通过重画对象路径，或者创建新的路径来完全改变对象的形状。默认时，刻刀工具在剪切时自动闭合开放路径，但是可以根据需要更改这一属性。

刻刀工具可以用来切断一条线段。当从工具箱中选择刻刀工具时，会显示"刻刀和橡皮擦工具"属性栏。如图 3-85 所示，在此属性栏中，关于刻刀共有两个按钮，分别为"成为一个对象"按钮和"切割时自动闭合"按钮。当单击"成为一个对象"按钮时，被切割成的对象将合并成一个复合体。当单击"切割时自动闭合"按钮时，切割的对象自动闭合。这两个按钮的排列组合，可以形成 4 种情况，下面主要介绍不同情况下对路径形状的影响。

图 3-85

如果激活工具箱中刻刀工具，但其属性栏上的两个按钮选项都不启用时，如果用来切割开放路径，则此路径被分成两部分，用户可以选择其中的一部分，单独编辑；如果用来切割闭合路径，则能够使闭合路径变成开放路径。

如果只启用"成为一个对象"按钮，所切割成的路径自动被合并。

当切割对象是开放路径时，则使用该工具在路径上单击后，路径被分成了两条曲线，如图 3-86 所示。但这两条分割后的曲线被合并成一个复合体，两条曲线都是复合体的子路径。若被切割对象是封闭路径，此时闭合路径被切割成开放路径，如图 3-87 所示。

选择刻刀工具后，若只单击"切割时自动闭合"按钮，如果用来切割开放路径，则在开放路径的一个位置单击，这时"刀尖"处会牵出一条线来。把刻刀工具放在开放路径的另一位置，用户会预览到切割后的情况，两个单击点之间的曲线被删除，取而代之的是两个切割点间所连接的直线，如图 3-88 所示。

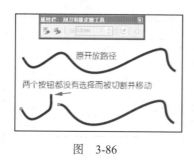
图 3-86

图 3-87

如果用来切割封闭路径，则在路径上先单击一点，在"刀尖"处又牵出一条线。在路径的另一点处再次单击，可以把闭合路径分成两部分，且此两部分自动闭合。用鼠标拖动其中的一个闭合路径，可以拖走，说明这两个路径是分别独立的，如图 3-89 所示。

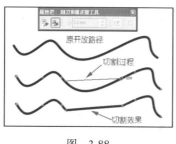
图 3-88

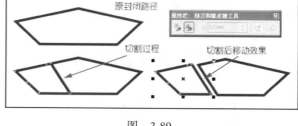
图 3-89

若同时使用"成为一个对象"按钮和"切割时自动闭合"按钮，则切割后的路径会自动闭合，且被切割的路径都成为一个对象。

当切割对象为开放路径时，用刻刀工具在开放路径上单击，然后移动鼠标，此时在刀尖处有直线牵出，再在路径上单击另一点，则被切割的对象在两个切割点之间闭合。若此时对此复合体应用填充，则会发现一个很有趣的现象，看似开放的区域，也被进行了填充，当切割对象为闭合路径时，被切割成两半的路径自动闭合，保持原来的填充特征，且此两个路径被合并成一个复合体。

3.7 使用和设置橡皮擦工具

在没有介绍橡皮擦工具以前，如果要擦去图形中不需要的部分，就必须使用形状工具选定相应的节点，然后进行编辑工作，操作起来繁琐、复杂。如果使用橡皮擦工具来擦除图形对象中不需要的对象部分，则方法非常简单。在 CorelDRAW X6 中，橡皮擦工具能够擦除它所经过的选定对象的一部分，并闭合任何受到影响的路径。此外，当使用橡皮擦工具时，还允许通过相应的属性栏或者选项对话框来控制橡皮擦工具的擦除方式。

擦除对象的方法如下：

（1）激活任一种绘图工具绘制封闭图形。此时该图形会自动处于选定状态（如果没有处于选定状态，则激活挑选工具并选定它）。

（2）激活工具箱中的橡皮擦工具，设置属性栏参数后，移动鼠标指针到想要擦除的对象上单击，然后按住鼠标左键不放，擦除想要擦除的区域。

（3）放开鼠标左键，则它所经过的部分被擦除，并且闭合所有被断开的路径，如图 3-90 所示。

（4）在其属性栏中，如果要指定擦除过程中擦除工具笔头的宽度，可以在属性栏中的"擦除厚度"数值框中输入相应的数值。该选项的取值范围在 0.254mm ～ 2540.0mm 之间，范围越大，能擦除的范围就越大。

（5）如果要改换笔头的形状，在属性栏上单击"圆形 / 方形"按钮可以切换，默认时使用圆形笔头。"刻刀和橡皮擦工具"属性栏上的"圆形 / 方形"按钮是CorelDRAW X6 中新增的功能，它为橡皮擦工具提供了更多的设置选项。

（6）虚拟段删除工具其属性栏与刻刀和橡皮擦工具一致，其功能主要用于擦除图像中的交叉部分，如图 3-90 所示。

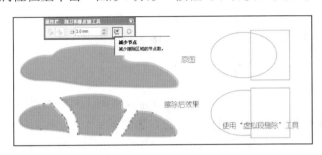

图　3-90

注意　　如果单击"减少节点"按钮，则移动鼠标指针到想要擦除的对象上并单击，松开左键并拖动鼠标至另一擦除点后单击，则擦除的效果为直线。

3.8 自由变换工具

CorelDRAW X6 同时为用户提供了更为灵活的另一变换工具——自由变换工具。使用自由变换工具，可以很方便地进行各种变换，并且用户具有更多的自由性。它与形状工具、刻刀工具、擦除工具 3 个工具同处于一个弹出式工具栏中，其属性栏如图 3-91 所示。

图　3-91

在该属性栏中，前 4 个选项分别为自由旋转工具、自由角度镜像工具、自由缩放工具和自由倾斜工具。其他项目所显示的是变形对象的各种参数，如位置、大小和角度等。

3.8.1　自由旋转工具

使用自由旋转工具可以很容易地使选定对象绕着画面中的其他对象或任意点进行旋转，使用方法如下：

（1）激活形状工具，从其弹出式工具栏中选择自由变换工具。

（2）在其属性栏中单击"自由变换工具"按钮，然后在画面上单击一点，单击的位置将成为旋转中心。

（3）开始拖动鼠标时，会出现对象的轮廓和一条旋转线。旋转线是一条延伸到画面以外的蓝色虚线，旋转线指从旋转中心旋转对象时基于的角度的控制线。通过对象的轮廓可以预览旋转的效果。

（4）沿旋转线移动鼠标指针时，离旋转中心越近，鼠标的移动对旋转效果的影响越强；离旋转中心越远，鼠标的移动对旋转效果的影响越弱，如图 3-92 所示。

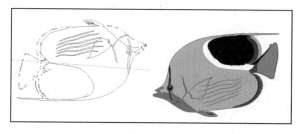

图 3-92

拖动鼠标时按住 Ctrl 键可限制对象的旋转角度。默认时的限制角度值是 15°。

3.8.2 自由镜像工具

自由镜像工具是一个非常灵活的工具，可以按照指定的角度镜像画面中所选定的对象。

使用自由镜像工具的方法如下：

（1）激活工具箱中的自由变换工具。在其属性栏中单击"自由镜像"按钮。

（2）在画面中首先单击要镜像的对象，然后单击其他位置以设置镜像（锚）点。

（3）拖动鼠标时，会出现对象的轮廓和一条蓝色的虚线，这条虚线穿过锚点一直延伸到绘图窗口以外。这条蓝色的虚线叫做镜像线，锚点的位置决定对象与镜像线之间的距离。

（4）镜像线相当于一面镜子，拖动鼠标时，相当于转动镜面，它确定了镜像的角度。沿镜像线移动指针时离对象越近，鼠标的移动对镜像效果的影响越强；离对象越远，影响越弱。

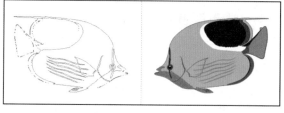

图 3-93

（5）在拖动鼠标时，会出现对象的轮廓，用来观察以确定镜像的位置，如图 3-93 所示。

如果要限制对象的镜像角度，可以在拖动时按住 Ctrl 键，默认的角度值是 15°。

3.8.3 自由缩放工具

在 CorelDRAW X6 中，当使用自由缩放工具缩放对象时，可以同时沿水平和垂直坐标轴缩放对象。

自由缩放对象的操作步骤如下：

（1）激活工具箱中的自由变换工具。在其属性栏中单击"自由缩放"按钮。

（2）单击要进行变换操作的对象；移动鼠标指针在绘图页面上单击以确定锚点，即缩放时保持固定不动的那个点。

（3）如果在对象内部单击，则可从中心缩放对象。如果在对象外部单击，则可根据拖动鼠标的距离和方向来缩放和定位对象。

（4）为了保持对象的纵横比不变，可以在拖动时按下 Ctrl 键。

（5）在拖动的过程中，可以在画面上观察到对象的轮廓已缩放的效果。在拖动时要注意，当试图靠近原对象时，开始会是缩小对象，但到了一定的程度，即当对象在某一个方向被缩小为 0 时，再进行拖动，就会在进行缩放的同时使对象发生翻转，即向原对象所处的位置拖动时，缩放的对象会发生上下或左右翻转。图 3-94 中显示了使用自由缩放工具缩放的效果。

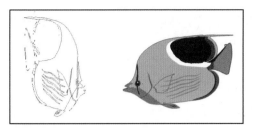

图　3-94

3.8.4　自由倾斜工具

自由倾斜工具是一个操作非常灵活的工具。使用它可将对象锁定于某一个固定点而同时水平和垂直倾斜。注意，倾斜是相对于锚点，即那个不动的固定点。

使用自由倾斜工具方法如下：

（1）激活工具箱中的自由变换工具，在其属性栏中单击"自由倾斜"按钮。

（2）在画面中的任意位置单击以设置锚点。若是在对象内部单击，可以从对象中心倾斜；若是在对象外部单击，则可以按照设置的锚点、对象和锚点之间的距离以及鼠标拖动的方向和距离倾斜。拖动时按住 Ctrl 键可保持对象的水平和垂直比例，如图 3-95 所示。

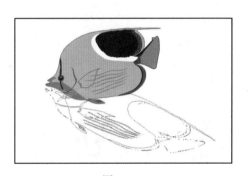

图　3-95

3.9　案例解析

3.9.1　LOVE字体设计

LOVE 字体的设计效果如图 3-96 所示。设计步骤如下：

图　3-96

（1）激活工具箱中的文本工具，在画面中输入大写英文字母"LOVE"，在其属性栏中选择类似字体（本案例字体为方正琥珀体），效果如图 3-97 所示。

（2）激活工具箱中的渐变填充工具，在其对话框中设置"深红 - 大红 - 白色"渐变色，如图 3-98 所示。

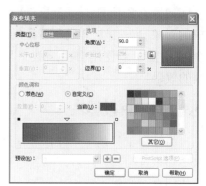

图　3-97　　　　　　　　　　　　　　　　　　　　图　3-98

（3）单击"确定"按钮，填充渐变色后的效果如图 3-99 所示。

（4）选择"排列"→"打散美术字"命令，使得每个字母可独立选取，打散后效果如图 3-100 所示。

图　3-99　　　　　　　　　　　　　　　　　　　图　3-100

（5）选取字母"L"，然后激活工具箱中的立体化工具，向右下角拖曳出立体效果，如图 3-101 所示。

（6）在字母上单击调出旋转模式，并旋转字母，旋转角度和方向如图 3-102 所示。

（7）依照字母"L"的制作方法，制作字母"O"的效果，调整角度和方向有所不同，效果如图 3-103 所示。

图　3-101　　　　　　　图　3-102　　　　　　　图　3-103

（8）分别制作出字母"V"、"E"的立体效果，如图 3-104 和图 3-105 所示。

（9）将 4 个字母分别制作不同角度和方向立体化后，调整字母位置，效果如图 3-106 所示。

（10）将所有字母一同选取，激活工具箱中的轮廓笔工具，如图 3-107 所示，在其对话框中设置边线的宽度，并选中"按图像比例显示"复选框，这样边线的宽度在字母缩放时可同步缩放。

图 3-104　　　　　　　　图 3-105　　　　　　　　图 3-106

（11）单击"确定"按钮，制作轮廓笔后的效果如图 3-108 所示。

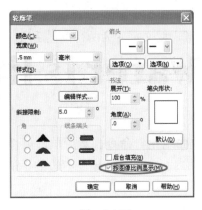

图 3-107　　　　　　　　　　　　　　图 3-108

（12）将字母全选，如图 3-109 所示，单击属性栏中的"群组"按钮。激活工具箱中的阴影工具，从字母的低端向下拖曳出投影效果（注意不要从字母的中心位置向下拖曳），并调整属性栏中的阴影透明度和羽化的值，最终效果如图 3-96 所示。

图 3-109

3.9.2　Water字体设计

Water 字体的设计效果如图 3-110 所示。设计步骤如下：

图　3-110

（1）激活工具箱中的文本工具，在画面中输入英文字母"Water is life"，在其属性栏中设置相应参数，效果如图 3-111 所示（本案例字体为 Binner 字体）。

（2）将光标插入"Water"字母后面并按 Enter 键，使文字变为两行，然后激活工具箱中的形状工具分别调整左下角和右下角的字符，并调整字距和行距，效果如图 3-112 所示。

Water is life

图　3-111

（3）激活工具箱中的挑选工具，拖动字母下端中间的手柄，使文字拉长，效果如图 3-113 所示。

（4）右击，在其弹出的快捷菜单中选择"命令曲线化"命令，然后单击属性栏中的"打散"按钮，将文字拆成各自独立的两行，选择第二行文字，并拖曳右边的手柄，使得第二行文字与第一行文字等长，如图 3-114 所示。

图　3-112 　　　　　　　　　图　3-113 　　　　　　　　　图　3-114

（5）将所有字母全选，单击属性栏中的"群组"按钮，效果如图 3-115 所示。

（6）激活工具箱中的基本形状工具，在其属性栏中按图 3-116 所示选择"水滴形"形状。

（7）按住鼠标左键，在画面中绘制如图 3-117 所示的水滴形图形。

（8）如图 3-118 所示，将字母移动到水滴形图形上面并调整字母大小。

（9）选择文字，如图 3-119 所示，激活工具箱中的封套工具，此时在文字的四周出现蓝色的虚线框（封套）。

（10）首先选择封套左上角的节点并按 Delete 键删除，然后再选择上方中间的节点，如图 3-120 所示，单击属性栏中的"使节点成为尖突"按钮，然后调整节点之间的手柄，使封套左边的形状与水滴形图形一致。

图 3-115   图 3-116   图 3-117   图 3-118

（11）用同样方法删除右下角和左下角的节点，调整手柄，最终使封套形态与水滴形完全一致，效果如图 3-121 所示。

（12）将文字填充为白色，将水滴形图形填充为蓝色并去除边线，字体设计制作完成。最终效果如图 3-110 所示。

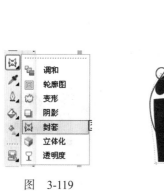

图 3-119   图 3-120   图 3-121

3.9.3　2014字体设计

2014 字体设计效果如图 3-122 所示。设计步骤如下：

图 3-122

（1）激活工具箱中的文本工具，如图 3-123 所示，在画面中输入文字，设置较粗的字体。

（2）激活工具箱中的形状工具，如图 3-124 所示，拖动文字右下角的符号向左挤压，缩小字间距。

图　3-123　　　　　　　　　　　　　　　　　图　3-124

（3）如图 3-125 所示，继续选择个别字符调整字间距，使得每个字之间的间距相等。

（4）选择"排列"→"转换为曲线"命令，如图 3-126 所示，将文本字转换为普通对象。

图　3-125　　　　　　　　　　　　　　　　　图　3-126

（5）如图 3-127 所示，单击属性栏中的"拆分"按钮，选取数字"0"并删除，效果如图 3-128 所示。

图　3-127　　　　　　　　　　　　　　　　　图　3-128

（6）激活工具箱中的矩形工具，在如图 3-129 所示的位置绘制一个矩形。

（7）激活工具箱中的形状工具，拖动矩形边角的节点，将矩形变为圆角矩形，效果如图 3-130 所示。

图 3-129

图 3-130

（8）激活工具箱中的星形工具，如图 3-131 所示，在圆角矩形上面绘制一个星形。

（9）将圆角矩形和星形一同选取，如图 3-132 所示，单击属性栏中的"合并"按钮。

图 3-131

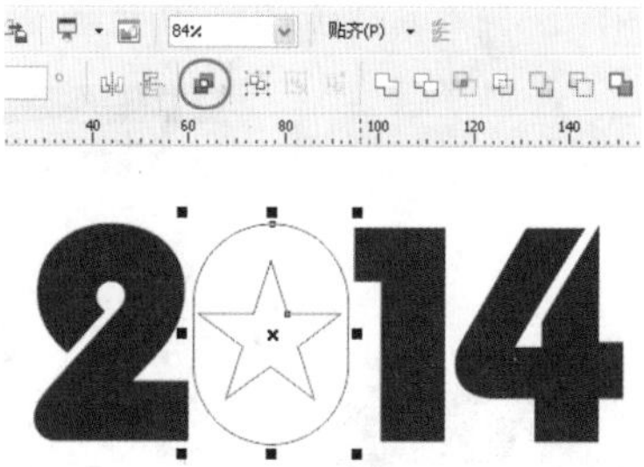

图 3-132

（10）将图形填充为黑色，效果如图 3-133 所示。

（11）激活星形工具，在文字的周围添加几个大小不等的星形图形并填充为黑色，效果如图 3-134 所示。

图 3-133

图 3-134

（12）将所有图形一同选取，单击属性栏中的"合并"按钮，然后填充为深蓝色，效果如图 3-135 所示。

（13）激活轮廓图工具，从图形内部向外拖出轮廓图效果，在其相应属性栏中设置"步长"为 5，"轮廓图偏移"为 3mm，"填充色"为浅蓝色，效果如图 3-136 所示。

图 3-135

图 3-136

（14）只选择文字部分（取消任何选取状态，在文字上面单击，注意不要选取上轮廓偏移部分），选择"编辑"→"复制"→"粘贴"命令，将复制的图形填充为黄色。第 1 种字体设计制作完成，效果如图 3-137 所示。

（15）下面来制作第 2 种字体设计效果。复制黄色图形，激活工具箱中的渐变填充工具，在弹出的如图 3-138 所示对话框中，设置起点色和终点色均为蓝色（C:100、M:0、Y:0、K:0），色盘的选取方式选择逆时针方向，单击"步长"的锁定按钮解除锁定状态，设置"步长"值为 15。

（16）单击"确定"按钮，填充渐变色后的图形效果如图 3-139 所示。

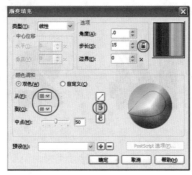

图　3-137　　　　　　　　图　3-138　　　　　　　　图　3-139

（17）激活工具箱中的轮廓笔工具，在弹出的对话框中设置宽度为 5mm，选中"填充之后"和"随对象缩放"复选框，如图 3-140 所示。

（18）单击"确定"按钮，填充轮廓笔后的图形效果如图 3-141 所示。第 2 种字体设计效果制作完成。

（19）下面制作第 3 种字体设计效果。复制图形，填充为白色，轮廓线粗细修改为 2mm，效果如图 3-142 所示。

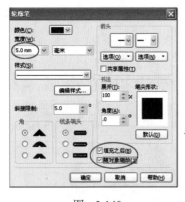

图　3-140　　　　　　　　图　3-141　　　　　　　　图　3-142

（20）选取图形，将图形向右下角移动一定位置，按鼠标右键复制，效果如图 3-143 所示。

（21）选取左上角的图形，去除颜色填充，如图 3-144 所示，在其相应属性栏中设置"轮廓宽度"为"细线"。

（22）激活工具箱中的调和工具，在其相应属性栏中设置"步长"为10。以右下角图形为起点调和至左上角图形，效果如图 3-145 所示，第 3 种字体设计效果制作完成。

图　3-143　　　　　　　　　图　3-144　　　　　　　　　图　3-145

（23）下面制作第 4 种字体设计效果。复制图形，选择工具箱中的渐变填充工具，在弹出的对话框中选择预设中的"镀金"渐变效果，如图 3-146 所示。

（24）单击"确定"按钮，填充渐变后的图形效果如图 3-147 所示。

（25）选择"效果"→"添加透视"命令，按图 3-148 所示调整角度。

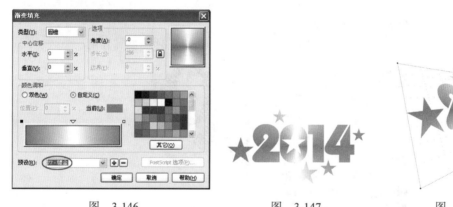

图　3-146　　　　　　　　　图　3-147　　　　　　　　　图　3-148

（26）激活工具箱中的立体化工具，在图形上拖出立体效果，如图 3-149 所示。

（27）在立体化工具相应的属性栏中，设置"立体化颜色"为"使用纯色"，如图 3-150 所示。

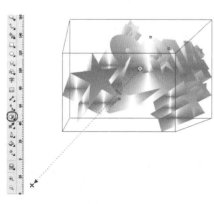

图　3-149

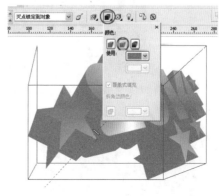

图　3-150

（28）如图 3-151 所示，继续添加一个灯光，效果如图 3-152 所示，第 4 种字体设计效果制作完成。相同图形的 4 种不同的设计效果如图 3-122 所示。

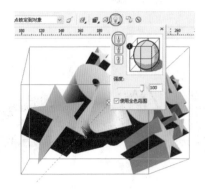

图　3-151　　　　　　　　　　　　　　图　3-152

思考与练习

1. 掌握字体设计的基本原则。
2. 熟练掌握基本绘图工具，特别是能够熟练使用贝塞尔工具绘制直线与圆滑曲线。
3. 掌握不同命令在属性栏中的快捷命令按钮。
4. 分析图 3-153 中设计作品各自的特点，然后利用手绘工具临摹其轮廓。

图　3-153

Chapter 04

标志设计

本章内容

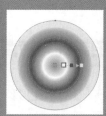

4.1 标志的功能

标志是具有识别和传达信息作用的象征性视觉符号。它以深刻的理念、优美的形象和完整的构图给人们留下深刻的印象，以达到传递某种信息、识别某种形象的目的。在当今的社会活动中，一个明确而独特、简洁而优美的标志作为识别形象是极为重要的。它不仅能引起人们的注意力，而且能获得巨大的社会效益与经济效益。强有力的品牌——商标标志能帮助产品建立信誉，增强知名度，从某种意义上讲，商标标志能使一个企业或集团兴旺发达，也能使一个企业在竞争中处于被动状态。如图 4-1 和图 4-2 所示为两组标志效果。

图　4-1

图　4-2

标志的功能归纳起来有以下几点。

- 识别功能：通过本身所具有的视觉符号形象，产生识别作用，方便人们的认识和选择。靠这种功能增强各种社会活动与经济活动的识别能力，以树立特有形象。
- 象征功能：标志本身所具有的象征性图形，代表了某一社会集团的形象，体现出权威性、信誉感。在某种意义上讲，象征性图形标志是与某一社会集团的命运息息相关的。
- 审美功能：标志由构思巧妙、图形完美的视觉图形符号所构成，体现出审美的要素，满足视觉上的美感享受。标志的第一要素即为美，离开了美的图形，也就失去了标志存在的意义。
- 凝聚功能：标志总是象征着某一社会团体，代表着某一社会团体的利益和形象。它在一定程度上强化着这一社会团体的凝聚力，使群体充满自信感和自豪感，并为之尽职尽责、尽心尽力。

4.2 标志的类别与特点

标志具有十分强烈的个性形象色彩，因此它的分类与特点也十分明显，大致可以分为以下几种类型。

1. 地域标志

国徽、市徽、区徽、校徽、班徽等都属于这一类别。它的最大特点是带有鲜明的区域特点，故称其为地域标志。该类型的标志在不同的方面反映出该地区的社会政治、经济、军事、文化、民族、历史及人文等方面的特点。表现形式构思立意一般采用象征性手法，以点带面，强化和突出该地区特色。我国的国徽就是一个很成功的地域性标志。

2. 社会集团标志

这一类标志是指某一社会集团机构所使用的标志。包括机构标志、会议标志、企业标志和专业标志。机构标志的最大特点是根据自身的需要和特点用固定的标志作为本机构的识别形象。从内容到形式要体现机构的特色、职能范围、服务对象和规模。会议标志主要是组织与会议结合的特质、规模等所使用的标志图形，分为长期和短期使用两种。会议标志一般都是某社会集团、企业的附属活动，因此会议标志相对具有某些灵活性和时间性。企业标志是企业进行商品活动的符号，是企业信誉、质量效益的视觉化形象。在当今的商业社会中企业标志的作用愈来愈显得重要，它与商标在经济活动中共同发挥巨大的催化剂的作用。专业标志是指社会各专业机构的图形象征，有极强的专业特色，如出版、航空、铁路、海关、公安、医院等机构，其标志在立意和表现形式上各有专业特点。突出专业特色是专业标志的最大特点。

3. 社会公益标志

社会公益标志包括交通标志、安全标志、公交活动标志、公益记忆符号等，它主要是在社会公益活动中使用的一类识别图形。此类标志关系着社会活动与规范，它是一种无国籍的标志，如交通标志是为车辆和行人的方便与安全而设计的识别图形，安全标志是警示人们在特定场合下的安全与防护。公交活动标志用于各类广泛丰富的公益活动，其设计呈现出形式多样、五彩缤纷的局面，并带有活动的特色，它有利于活动的开展，也便于活动的宣传。

4. 商品标志

商品标志简称商标，它是企业产品的特定标志。通过这种标志可以辨明商品、劳务和企业，树立商品的质量信誉。商标与企业标志有必然的联系，但又有着明显的区别。它可以与商标共用一个视觉形象，如美国的"可口可乐"，它既是企业标志又是商标。商标与标志可分别独立使用，商标的特点在于其商业化的特点和盈利目的。商标在相当程度上维系着企业的生存与发展，它象征着企业的质量与信誉，它是产、供、销三者的必然纽带。商标所带来的"无形资产"能为企业产生巨大的社会和经济效益。

4.3 标志的表现形式

标志作为一种符号性极强的设计，在其设计的形式与组合方面有独特的组合形式，要突出标志的组合形式还要突出标志独特的艺术语言和规律。标志的表现形式与组合大致有如下几种类型。

1. 图形组合

用相对具象的视觉纹样作标志的主体要素，该图形一般是商品品牌或公共活动主题的形象化。它的最大特色是力求图形简洁、概括，有较强视觉冲击力的团块装饰风格，如图 4-3 所示。

2. 汉字组合

汉字作为标志设计的主体，已有相当久远的历史。汉字的组合需要选择适当的字体与字形，书法艺术中的真、草、隶、篆，美术字中的各类字体都可作为标志设计的素材。汉字组合的标志要遵循易识、易记的原则，使这种特殊形式的表现更加丰富多彩、千变万化，视觉效果要突出强烈，如图 4-4 所示。

3. 汉字与图形组合

此类形式的组合有图文并茂的艺术效果。有的以图形为主，把汉字进行装饰变化成为特定的图形，如"永久"牌自行车；也可以文字为主，附加以适当的图形进行装饰。这种标志组合时应注意整体风格的协调统一，自然天成，切忌生拼硬凑，视觉形象模糊。汉字与图形组合标志的效果如图 4-5 所示。

图 4-3   图 4-4   图 4-5

4. 外文组合

外文组合包括英文字母和汉语拼音字母及拉丁字母的组合。外文组合可用品牌的全称字母进行组合，也可用其中某个代表性的字母单体进行设计。有的单纯洗练，有的庄重朴实，有的轻盈活泼，有的典雅华贵。要根据特定的环境及要求，体现独特的创意思想，突出个性；结构要严谨，注意笔画间的方向转换、大小对比、高低呼应、结构的穿插。外文组合标志效果如图 4-6 所示。

5. 外文与图形组合

外文图形的组合要注意字母与图形的完整和统一性，结构要严谨，图形特点要鲜明、集中，视觉性强，如图 4-7 所示。

图 4-6   图 4-7

6. 汉字与外文字母组合

这类"中西合璧"的形式，要有机地体现东方的审美情趣与西方美的情调。注重汉字与外文字的协调统一，汉字的笔画可巧妙地用外文字取代，也可表音与表意相结合，组成新单字或字组。另外，可用外文字母包容汉字把汉字嵌入图形，构成完整的画面。这类组合在造型上有较大的差异，设计中要认真分析有否组合的可行和必要，避免由于"硬性搭配"而破坏图形的视觉效果。汉字与外文字母组合标志效果如图4-8所示。

7. 数字组合

数字组合分汉字数字组合与阿拉伯数字组合。前者类似汉字组合，阿拉伯数字由于其本身的形式美和可塑性，常常作为标志设计的素材，多为独立使用，有时也与其他图形相结合，成为一种形象鲜明的综合形象标志，如图4-9所示。

8. 抽象组合

抽象组合基本上是利用几何形体或其他构成图形等组成标志的。它体现出严谨感和律动感，具有想象力的特性，能拓展出更加广阔的联想空间，用相对抽象的形式符号来表达事物本质的特征。抽象组合有的属于一种象征意义表达，有的表义较为含蓄，有的则含糊不清，与所表达的事物在本质上没有任何联系，但都具有特定的象征意义。抽象组合标志效果如图4-10所示。

图 4-8 　　　　　　　　　　图 4-9 　　　　　　　　　图 4-10

4.4 标志的设计构思

标志是视觉形象的核心，构成了企业形象的基本特征，体现企业的内在气质，同时是广泛传播、诉求大众认同的统一符号，视觉形象识别系统均由此繁衍而生。因此，标志设计艺术首先是商业艺术，是为商品服务的，它的艺术性服从于商品性。

标志设计构思有别于一般的艺术创作，它直接与企业和商品相联系，具有明确的商业目的。不仅要考虑标志设计的功能，而且还要考虑标志视觉美的表达，以及标志物和人的思维关联性等，其中有委托者的意图、要求，有商品销售过程中的心理因素，有国内国外和地区的民情风俗，还要有区别于同类商品的特色及竞争性，新开发的产品还要有独创性等因素制约，因此，标志设计就必须有超前意识，经得起时间的考验，否则很快就会落后于时代。其构思手法主要采用以下形式。

- 表象手法：采用与标志对象直接关联而具典型特征的形象，直述标志的目的。这种手法直接、明确、一目了然，易于迅速理解和记忆。如表现出版业以书的形象为标志图形、表现铁路运输业以火车头的形象为标志图形、表现银行业以钱币的形象为标志图形等。

- 象征手法：采用与标志内容有某种意义上的联系的事物图形、文字、符号、色彩等，以比喻、形容等方式象征标志对象的抽象内涵。如用交叉的镰刀斧头象征工农联盟，用挺拔的幼苗象征少年、儿童的茁壮成长等。象征性标志往往采用已为社会约定俗成地认同的关联物象作为有效代表物。如用鸽子象征和平，用雄狮、雄鹰象征英勇，用日、月象征永恒，用松、鹤象征长寿，用白色象征纯洁，用绿色象征生命等。这种手段蕴涵深邃，适应社会心理，为人们喜闻乐见。

- 寓意手法：采用与标志含义相近似或具有寓意性的形象，以影射、暗示、示意的方式表现标志的内容和特点。如用伞的形象暗示防潮湿，用玻璃杯的形象暗示易破碎，用箭头形象示意方向等。

- 模拟和比拟法：用特性相近事物形象模仿或比拟标志对象特征或含义的手法。如日本全日空航空公司采用仙鹤展翅的形象比拟飞行和祥瑞，日本佐川急便车采用奔跑的人物形象比拟特快专递等。

- 视感手法：采用并无特殊含义的简洁而形态独特的抽象图形、文字或符号，给人一种强烈的现代感、视觉冲击感或舒适感，引起人们的注意并使其难以忘怀。这种手法不靠图形含义而主要靠图形、文字或符号的"视感"力量来表现标志。如日本五十铃公司以两个菱形为标志，李宁牌运动服将拼音字母 L 横向夸大为标志等。为使受众辨明所标志的事物，这种标志往往配有少量小字，一旦人们认同这个标志，去掉小字也能辨别它。

4.5 标志设计的基本原则

标志设计作为一项独立的具有独特构思思维的设计活动，有着自身的规律和遵循的原则，在方寸之间要体现出多方位的设计理念。成功的标志设计可归纳为以下几个方面：强、美、独、象征。方寸之间的标志形象决定了在形式上必须鲜明强烈，令人过目不忘。强，即为强烈的视觉感受，具有视觉的冲击力和"团块"效应；美，即为符合美的规律的优美造型和优美的寓意；独，即为独特的创意，举世无双；象征，即有最洗练、简洁的象征之意，无任何牵强附会之感。较之其他艺术形式，标志能更加集中地表达主题。造型因素和表现方法的单纯，使标志图形要像闪电般强烈，像诗句般凝练，像信号灯般醒目。

1. 准确定位

准确定位是标志设计传递主要信息的依据。把客观事物的本质、特色准确地表现出来，标志就要有定位。有了准确的定位和目标，标志才会有深刻的内涵和意义，其象征也就有了实际的价值。对标志准确定位的要求是符合该事物的基本特性，有强烈的时代感，造型形式新颖，如图 4-11 所示。

2. 典型形象

典型的艺术形象反映事物的本质特征，是对自然形象的高度概括、提炼和理想化。典型形象来自设计者对生活的深刻理解，也来自对表达角度的认真选择，还要依赖于设计者对客观事物的整理加工和高度概括能力。没有本质的形象是空洞乏味的，没有个性的设计容易出现雷同，其美感自然也就无从谈起。如图 4-12 所示即为一个典型形象。

图 4-11   图 4-12

3. 形式多样

标志的表现形式要依据内容和实用功能来确定。在保证外形完整、视觉清晰的前提下，形式应多样化。形式应诱发人们的联想，不同的造型给人以不同联想，内容与形式的完美结合应作为设计的首要原则；形式要有民族特色，具有民族性的才可能是大众性的；形式要有现代感，符合当今时代的审美情趣和欣赏心理要求，具体如图 4-13 所示。

4. 表现恰当

标志的内容与形式确定后，表现方法就成为关键所在，这是标志多样性的需要，可有以下几种表述：直接表述，用最明确的文字或图形直接表达主题，开门见山，通俗易懂，一目了然；寓言表达，用与主题意义相似的事物表达商品或活动的某些特点；象征表述，用富于想象或相联系的事物，采用暗示的方法表示主题；同构，这是标志设计中经常采用的艺术形式，它是把主题相关的两个以上不同的形象，经过巧妙地组合将其化为一个新的统一图形，包含了其他图形所具备的个性特质，使主题得以深化，联想更加丰富，形象结合自然巧妙，象征意义更加明确深刻，如图 4-14 所示。

5. 色彩鲜明

标志的色彩要求简洁明快。颜色的使用首先要适应其主题条件，其次要考虑使用范围，即环境、距离、大小等。由于色彩能引发一定的联想，因此它的象征、寓意功能十分巨大。奥运会的五环标志就是一个最好的例证，如图 4-15 所示。色彩的使用必须做到简洁，能用一色表达绝不用二色重复。

图 4-13   图 4-14   图 4-15

4.6 CorelDRAW X6 颜色与填充

在前面几章中，大家对颜色的填充有了一定了解。其实填充是在某一封闭区域内进行的，颜色的应用范围被限定在某个轮廓线的范围之内，所以任何开放路径的对象，包括使用橡皮擦工具、刻刀工具等产生的断开的路径都不具备填充属性。轮廓线则是指构成路径的线条，在 CorelDRAW X6 中可任意更改轮廓线的线条形状和粗细等。

填充颜色的方法有很多，如均匀填充、渐变填充，还可以选用屏幕上调色板直接为选定的对象进行颜色填充，也可以利用属性栏、工具栏进行填充，或者直接利用交互式填充工具进行填充。另外，为方便满足不同的需求，还可以让用户利用颜色管理器自己编辑颜色，利用现有的颜色产生出新的颜色或者运用其他现有的调色板设置。

4.6.1 调色板

在 CorelDRAW X6 中提供了多种应用颜色工作的方式，例如，使用调色板，使用不同的颜色模型，使用颜色混合器和颜色观察器等。但对于不同应用颜色的场合来说，都遵循一定的组成规律。下面主要从颜色的基本理论入手，来介绍有关颜色的一些基本概念。

1. 调整调色板的位置与大小

在 CorelDRAW X6 和 CorelPHOTO-PAINT 中，可以使用常驻屏幕的调色板、选择颜色对话框或颜色调板来为填充对象、轮廓线等选取颜色，也可以使用标准颜色集，或者创建和排列自定义调色板或颜色区配系统（如 PANTONE 区配系统）实现。CorelDRAW X6 提供了更多的固定系统调色板类型，它们主要位于"窗口"→"颜色调板"菜单中。

2. 常用调色板的类型

下面主要介绍的是一些常用的固定调色板类型，"颜色调板"子菜单中还有许多颜色，可应用于不同的工作场合，这里就不再一一介绍了。

- CMYK 颜色和 RGB 颜色：CorelDRAW X6 默认使用的调色板主要采用 CMYK 色彩模式和 RGB 色彩模式（统一调色板）。
- HKS 颜色：能够提供基于 HKS 颜色模型下的颜色色样来进行均匀填充。
- 网页可用颜色：一种 8 位 256 色的调色板，用于一种网络浏览器。使用这个调色板中的颜色，可确保使用该浏览器时能清晰地显示图像的颜色。
- PANTONE—Coated：这是在 PANTONE 六色系统中可用的颜色，这个系统基于 CMYK 颜色模型，但增加了两种附加的油墨而构成了六色油墨，并具有更宽的颜色范围。
- PANTONE—Uncoated：通过 PANTONE 匹配系统可使用的一组 PANTONE 专色（也称为专色）。因为专色对应于纯色油墨，而且并不基于 CMYK，因此每一个应用到对象上的独特颜色都产生一个附加的分色板。在 CorelDRAW X6 中，可以自由地使用专色。在 CorelPHOTO-PAINT 中，只能在 CMYK 图像中使用专色来影响双色调。可以按名字或色样来显示这些颜色。
- PANTONE-Corel8（俗称 PANTONE 印刷色）：在 PANTONE 印刷色系统中可用的

颜色，这个系统基于 CMYK 颜色模型。前 2000 种颜色是双色的组合色，其余的颜色是三色和四色的组合色。这些颜色都是基于 CMYK 的，因此不能增加附加的分色板，可以按名字或色样来显示这些颜色。

3. 调色板的组成

默认情况下，启动 CorelDRAW X6 后，将在工作窗口的右侧显示竖放的屏幕调色板，屏幕调色板可以使用任何一个系统提供的固定调色板和自定义调色板中的色样。使用屏幕调色板选取颜色是 CorelDRAW X6 提供的最为方便、快捷的选择颜色的方法。固定调色板、自定义调色板和屏幕调色板是 3 个完全不同的概念。屏幕上的调色板用于显示和选择来自固定调色板和自定义调色板上的颜色色样；固定调色板是由第三方软件制造商提供的，附有基于某一颜色模型的样色；自定义调色板则是由使用颜色混合器创建出来的自定义颜色的集合。

4. 自定义调色板

自定义调色板是一组颜色的集合，被存为一个调色板文件（扩展名为 .cpl）。它既可以包含专色，也可以包含使用其他颜色模型创建的颜色。CorelDRAW X6 中提供了许多以前创建的自定义调色板，以及新增的固定调色板类型，也可以创建新的调色板。如果经常使用某些颜色工作，可自定义调色板。

4.6.2 均匀填充对象

所谓填充，就是在一些封闭形状的对象的内部区域输入均匀颜色、位图、渐变颜色或图样。在 CorelDRAW X6 中，填充可应用于任何已绘制的对象上。在通常的情况下，只有那些具有封闭路径的对象，如矩形、椭圆、多边形、星形以及网格等才能被填充；而一些开放路径的对象，如直线、曲线、螺旋形等，由于它们不具备封闭的区域，系统无法识别该对象的填充边缘，所以无法填充。但在一些特殊的情况下，如将一个开放的曲线与一个封闭的对象合成一个组合体后，对组合体进行填充，则开放曲线的两个端点间相当于连了一条直线，这个区域内也可以应用填充。下面着重介绍如何使用调色板均匀填充对象。

均匀填充是 CorelDRAW X6 中最基本的填充方式，也是各种填充方式中操作最为简便、直观的一种。可以为任何一个具有封闭路径的图形对象均匀填充颜色。

1. 均匀填充方法

（1）使用基本绘图工具绘制图形对象，如果所绘制的图形对象具有开放的路径，则只能够改变它的轮廓颜色，而不能够应用填充；如果是封闭路径的对象，则可以对它应用颜色和改变轮廓颜色。

（2）激活挑选工具选定对象，移动鼠标指针到屏幕调色板上单击一种颜色即可，如图 4-16 所示。

（3）如果没有选定对象，而直接从屏幕调色板上选择颜色，CorelDRAW X6 将弹出如图 4-17 所示的对话框，并且系统提示所选择的颜色将直接应用于使用绘图工具绘制的图形对象上，而不是已经绘制出来的图形中。

（4）如果需要的颜色没有在调色板中显示，则单击调色板上、下两端的箭头以翻页浏览，直到找到所需的颜色为止。

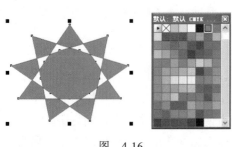 

图 4-16 　　　　　　　　　　　　　图 4-17

2. 移除填充方法

（1）选择一个对象。

（2）在工具栏中激活填充工具组，在其弹出的工具
列表中选择"无填充"选项，如图 4-18 所示，即可删除
填充内容。也可单击调色板顶端的⊠按钮。

3. 将填充效果复制到另一个对象

（1）激活挑选工具，选择要复制的填充对象，如
图 4-19 所示。

图 4-18

（2）右击该对象并拖至要应用填充的目标对象上。此时该对象的蓝色轮廓将沿着指针
分布于目标对象，如图 4-20 所示。

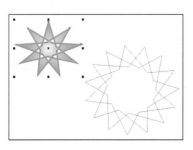 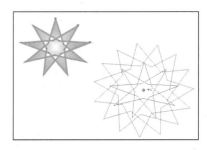

图 4-19 　　　　　　　　　　　　　图 4-20

（3）当指针变为"十"字形时，松开鼠标左键，然后从弹出的菜单中选择"复制填
充"命令，如图 4-21 所示，效果如图 4-22 所示。如果选择"复制轮廓"命令，则仅是轮
廓线变化，如图 4-23 所示；如果选择"复制所有属性"命令，则轮廓线及填充色彩也变
化，如图 4-24 所示。

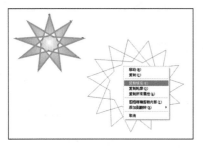 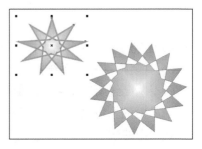

图 4-21 　　　　　　　　　　　　　图 4-22

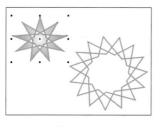
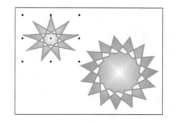

图 4-23　　　　　　　　　　　　　　图 4-24

4.6.3　渐变填充

渐变式填充是利用两种或几种颜色按照一定步长的梯度变化来为对象创建特殊填充效果的方法之一。它使对象具有很强的层次感和质感。

CorelDRAW X6 中的渐变式填充有以下两种类型。

- 双色渐变填充：只有两种颜色，将一种颜色直接与另一种颜色进行调和，从而产生渐变效果。
- 自定义渐变填充：也叫多色渐变，允许创建多种颜色的层叠或者通过改变填充的方向、添加中间色或改变填充角度来自定义渐变填充。

1. 双色渐变填充

双色渐变填充将一种颜色平滑地过渡到另一种颜色，从而产生一种颜色渐变的特殊视觉效果。使用不同的颜色过渡方式来实现填充，可产生较深的层次感。CorelDRAW X6 为用户提供了丰富的渐变填充工具，其中交互式填充工具是为对象应用渐变填充的最简单快捷的方式。和属性栏配合使用，能够充分展示交互式工具的优势，实现边预览边调整。使用交互式填充工具实现双色渐变填充的方法如下：

（1）激活挑选工具并选择填充对象。

（2）在工具箱中激活交互式填充工具，系统将自动启用属性栏，如图 4-25 所示，在"填充类型"框中选择填充方式，同时属性栏上的各种设置项目变成有效。在绘图页面上，选定的对象上出现填充"起始位置"

图 4-25

标志、"结束位置"标志及"填充中心"标志，如图 4-26 所示，其中，填充中心可以分别向起始和结束位置移动，以控制色彩渐变的程度。

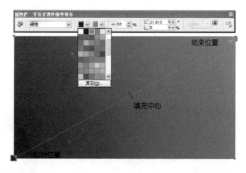

图 4-26

（3）单击"编辑填充"按钮⑧，弹出如图 4-27 所示的对话框，默认时将自动使用"线性"选项，并自动以默认的起始颜色和终止颜色为选定的对象应用双色渐变填充。在该对话框中，用户可以在"类型"下拉列表框中选择不同的填充类型；在"中心位移"和"选项"组中包括不同的选项。色轮的左边有 3 个按钮，决定着中间填充颜色在色轮中的变化路径。如果单击了直线形状的按钮，则依照沿直线变化的色相和饱和度来决定中间填充的颜色，变化范围开始于起始颜色，沿直线路径到达终止颜色，只有直线经过的颜色才出现在调和路径上。若单击逆时针图形按钮（或顺时针图形按钮），则依照在色轮中以逆时针（或顺时针）路径变化的色相和饱和度来决定中间填充的颜色。

（4）如果要改变起始颜色，单击"从"下拉按钮，选择起始色；如果要改变渐变的终止颜色，单击"到"下拉按钮，选择终止色。

（5）保持起始位置和终止位置不变，改变色轮渐变路径，效果如图 4-28 所示。

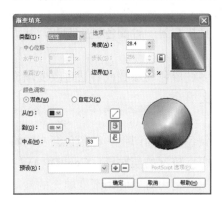

图 4-27

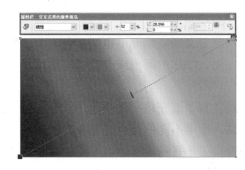

图 4-28

（6）拖动中心标志到相应的位置。拖动这个中心标志时，双色渐变填充将随时发生变化，同时，属性栏上相应项目的数值也将发生变化。拖动时按住 Ctrl 键，可将箭头的变化角度限制在 15°的间隔内。

2. 自定义渐变方式填充

在自定义渐变填充方式中，可以自由地设置一些参数来决定渐变填充的效果，具有更加自主的选择权。对图形对象应用双色渐变填充时，其实是使用两个颜色之间的色差作为过渡色来实现从一种颜色到另一种颜色的渐变填充，其中，过渡颜色的色差的大小和过渡颜色的类型决定了渐变后的对象的外观，无法改变。而在自定义渐变填充中，可以设置不同的中间色来实现从一种颜色向另一种颜色的过渡。

自定义渐变填充的方法如下：

（1）在画面上选定要填充的对象。

（2）激活交互式填充工具，选择"编辑填充"，在其对话框中设置不同选项，如图 4-29 所示，在"类型"下拉列表框中选择"线性"选项；在该对话框中的"颜色调和"选项组中选中"自定义"单选按钮；在"位置"文本框中指定要添加的中间颜色的位置。

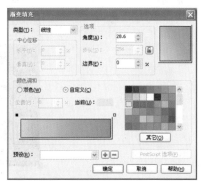

图 4-29

（3）单击"当前"颜色框，打开颜色挑选器，指定颜色；如果要使用的颜色不在该挑选器中，单击"其他"按钮，可以创建或选择一种自定义颜色。

（4）在该对话框中，颜色调和预览带用于显示选定的中间调和色的预览效果。在该预览带两边，用户可以看到两个小方形，分别代表自定义填充的起始和结束颜色。当双击色条的任意位置或颜色调和预览带的任意位置时，系统都会在该位置上放置一个显示为黑色的小三角形，如图 4-30 所示，可以通过这些三角形来改变当前颜色，单击"确定"按钮，效果如图 4-31 所示。

图 4-30

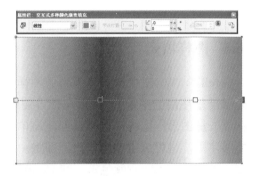

图 4-31

3. 添加预设的渐变填充方式的方法

一个优秀的渐变方式当然不必每次都重新设置，在 CorelDRAW X6 中，提供了多种填充预设，用于模拟氖管、金属圆柱体及各种实物的外观等。在"渐变填充"对话框中的"预置"下拉列表框中选择相应的预设类型，然后在该对话框中查看填充的具体内容，也可以自定义并保存。

预设渐变填充的方法如下：

（1）在绘图页面中选择对象。打开"渐变填充"对话框。

（2）在"预设"下拉列表框中选择渐变名称，如图 4-32 所示。

（3）完成设置后，单击"确定"按钮，即可对选定的对象应用各种预设的渐变填充。也可以把自己认为满意的自定义填充保存下来，其方法是先设置填充，然后在"预设"下拉列表框中输入一个名称，如图 4-33 所示，然后单击"+"按钮，则新建的图样将被添加到图样列表中，并按字母顺序放置，如图 4-34 所示（123 为自定义）。重新绘制圆形，选择 123 填充，效果如图 4-35 所示。

图 4-32

图 4-33

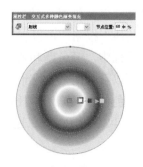

图　4-34　　　　　　　　　　　图　4-35

4.6.4　图样填充

CorelDRAW X6 中准备了大量的图样（开发人员预置于系统中的，或者自己绘制出来的能够反复使用的图像），可以非常方便地、有选择地进行图样填充。在工作中可以导入位图或矢量图形作图样，也可以创建简单的双色位图图样。对于系统提供的各种图样，不仅能够使用，也可以主动地修改，即将一个图样当作一个独立的对象来进行编辑使用，如改变图样的线条形状和颜色等。在 CorelDRAW X6 中提供了双色图样、全色图样、位图图样和底纹 4 种图样类型。

1．双色图样填充

双色位图图样是指一个仅包含两种指定颜色的位图图样。这种图样虽然并不漂亮，但用作平铺背景时，如果运用得当也可以创造出一种美，并且与全色图样等相比，其打印速度和系统运行速度都比较快。

应用双色图样填充的操作方法如下：

（1）在绘图页面上选择一个要填充的对象。

（2）激活交互式图样填充工具，在其属性栏中从填充类型下拉列表框中选择"双色图样"选项，此时属性栏上各个按钮都变为有效，如图 4-36 所示。

图　4-36

（3）默认时，CorelDRAW X6 将自动使用双色位图图样填充类型，填充效果如图 4-37 所示。

（4）如果要选择其他位图图样填充类型，可以分别单击"交互式图样填充"属性栏上的"全色图样填充"按钮或者"位图图样填充"按钮。

（5）单击"第一种填充色或图样"按钮，可以打开其下拉列表，从系统提供的图样中选择一种应用于选定的对象，如图 4-38 所示。

（6）打开前景色挑选器列表（该颜色列表只在使用双色图样填充时有效），为双色图样提供前景色；打开背景色挑选器列表（该颜色列表只有在使用双色图样填充时有效），为双色图样提供背景色，如图 4-39 所示。

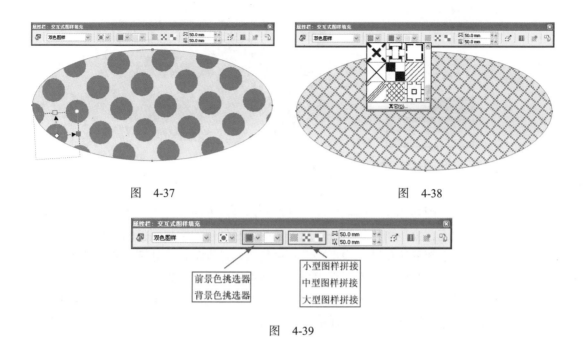

图 4-37 图 4-38

图 4-39

（7）如果单击"小型图样拼接"按钮，则系统将以选定的图样的小型样张为对象填充，系统默认的平铺尺寸设为 0.25×0.25 英寸或 25% 大小；如果单击"中型图样拼接"按钮，则系统将以选定的图样的中型样张为对象填充，系统默认的中型图样大小为 0.50×0.50 英寸或 50%；如果单击"大型图样拼接"按钮，则系统将以选定的图样的大型样张为对象填充，系统默认的平铺尺寸设置为 1.00×1.00 英寸或 100%。

（8）如果要改变图样的大小，可在"编辑图样的拼接"文本框 中对选定的图样形状进行编辑。可以在该文本框中指定自定义图样的平铺宽度和高度。

（9）如果单击"变换对象的填充"按钮 ，则图样填充将随对象一起旋转和倾斜。

（10）如果要选择不同的双色图样，单击"创建图样"按钮 来选择图案或创建图案。当进行设置时，交互式填充工具的优点便显示出来。设置的同时，选中对象的填充也随着相关属性的变化而发生相应的变化，可以直接观察。当认为满意时，即可完成设置。单击"创建图样"按钮，在弹出的如图 4-40 所示对话框中选择相应的参数，单击"确定"按钮，如图 4-41 所示，按住鼠标左键，在画面中选择一定区域，在弹出的如图 4-42 所示对话框中单击"确定"按钮，效果如图 4-43 所示。

图 4-40

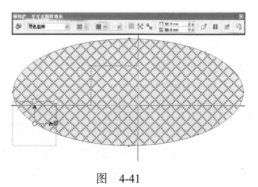

图 4-41

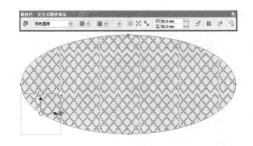

图 4-42　　　　　　　　　　　　　　图 4-43

2．全色图样填充

全色图样与双色图样相比，颜色更加丰富多彩，可以方便地使用该图样库中的图样为绘制的图形进行填充。全色图样是指一种用矢量的方法创建的常规颜色的图片，由线条和填充组成，这些矢量图形比位图图像更平滑、更复杂，通常都易于处理。其复杂程度取决于位图的大小、分辨率和颜色深度。应用全色图样进行填充时可以使填充的结果外形更平滑、更美观，并且无论是进行放大或者是缩小处理，图像的质量不会变化。下面主要介绍使用"图案填充"对话框进行全色图样填充的方法。

（1）利用基本绘图工具绘制图形，如图 4-44 所示。

（2）激活交互式填充工具，在其属性栏中单击"填充类型"下拉列表框选择"全色图样"选项，选择任意图案，效果如图 4-45 所示。

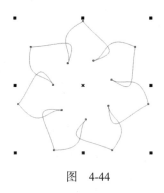

图 4-44　　　　　　　　　　　　　　图 4-45

（3）单击"编辑填充"按钮 ，出现如图 4-46 所示对话框。该对话框中各选项说明如下。

- 图样填充方式选项：包括"双色"、"全色"及"位图"3 个单选按钮。
- 当前图样预览框：主要用于显示当前图样的缩略预览图。
- "浏览"按钮：单击可以打开"导入"对话框，如图 4-47 所示，选择一个图形作为自定义的图样。单击"导入"按钮，此时对话框如图 4-48 所示，单击"确定"按钮，填充效果如图 4-49 所示。
- "删除"按钮：单击可从图样列表中永久删除选定的图样。
- "原始"选项组：用来设置第一个平铺的位置。X 数值框指定相对于页面左上角的第一个平铺的位置。增加该值会向右移动图样；减小该值会向左移动图样。Y 数值框指定相对于对象突出显示框左上角的第一个平铺的位置。增加框中的值会向下移动图样；减小该值会向上移动图样。

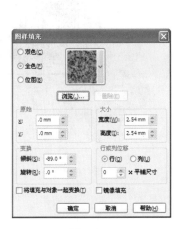

图 4-46

图 4-47

图 4-48

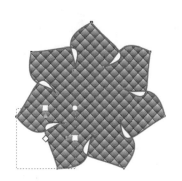

图 4-49

- "大小"选项组：用于指定自定义图样的平铺尺寸。"宽度"文本框指定自定义图样的平铺宽度，范围从 0.10 英寸～ 15 英寸。"高度"文本框用以指定自定义图样的平铺高度，范围从 0.10 英寸～ 15 英寸。
- "变换"选项组：用来指定图样的变换。其中"倾斜"文本框用来设置图样的倾斜角度；"旋转"文本框按指定的角度顺时针或逆时针方向旋转图样。
- "行或列位移"选项组："行"单选按钮用以设置行平铺尺寸的百分比；"列"单选按钮用以设置列平铺尺寸的百分比。
- "将填充与对象一起变换"复选框：选中时图样填充与对象一起旋转和倾斜。完成设置后，单击"确定"按钮，可以将选中的图样以相应的参数填充于对象。

3. 位图图样填充

位图图样是指位图由像素网格或点网格组成的光栅图像，可以使用扫描仪或绘图程序产生。这种图样由于是由一个个像素点组成的，所以具有丰富的颜色和美丽的图案。使用位图图样进行填充的方法与双色图样及全色图样所使用的方法几乎是相同的。需要注意的是，若使用外部导入位图作为图样，必须注意控制好图样的大小。对于位图而言，使用它进行位图图样填充时，和平时使用位图有些不同。若用户把位图图样设置得过小，会使图样像素化，显得非常难看，这是因为位图图样过小时，为了适应大小，位图丢失了大量信息所致，遇到这种情况，可以把图样适当扩大。

如图 4-50 所示，在属性栏的"填充类型"下拉列表框中选择"位图图样"选项，如果对已有的位图图样不满意，可以单击"编辑填充"按钮 ，在弹出的对话框中选择将要导入的位图，如图 4-51 所示。单击"导入"按钮，效果如图 4-52 所示。

图　4-50

图　4-51

图　4-52

4．底纹填充

底纹是指 CorelDRAW X6 随机生成的、能够用来为对象进行填充的图案。底纹填充主要用来为对象提供自然材料的外观，从而产生逼真的自然效果。CorelDRAW X6 中提供了数量众多的底纹图样，可以方便地生成想要的效果。

CorelDRAW X6 中提供了不同的方法来实现底纹填充，要比较精确、全面地进行设置，最好是使用"底纹填充"对话框。可以使用以下两种方法打开"底纹填充"对话框。

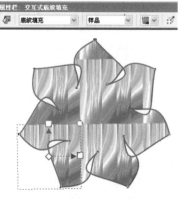

在工具箱中激活交互式填充工具，系统将自动启用相应的"交互式底纹填充"属性栏。在其属性栏的"填充类型"下拉列表框中选择"底纹填充"选项，在"底纹库"下拉列表框中选择"样品"选项，然后在"填充下拉式"下拉列表框中选择纹理，如图 4-53 所示，单击"确定"按钮即可完成填充，如果对填充的对象的色彩等不满意，可激活填充工具组中的底纹填充工具，在如图 4-54 所示的对话框中调整相关参数。

图　4-53

下面简要介绍"底纹填充"对话框的组成。

- "底纹库"下拉列表框：显示当前系统上的底纹图库。可以在此下拉列表中选择一个不同底纹图库的名称。
- "底纹列表"下拉列表框：显示当前底纹图库中的底纹列表。可以在列表中选择需要的底纹。
- "预览"窗口：显示当前设置的底纹的预览效果。完成对底纹参数的更改后，可单击"预览"按钮更新预览图。
- "选项"按钮：单击该按钮将打开"底纹选项"对话框，如图 4-55 所示，可在此设置底纹填充的分辨率和平铺宽度。
- "平铺"按钮：单击该按钮可以打开"平铺"对话框，如图 4-56 所示，在此可设置平铺尺寸、原点位置、变换、行列位移等。

图　4-54

图　4-55

图　4-56

4.6.5　PostScript底纹填充

PostScript 底纹是指使用 PostScript 语言设计出来的一种特殊底纹。PostScript 底纹在设计时采用了极其复杂的算法。正因为如此，在使用 PostScript 底纹填充时会发现，计算机的系统性能下降，屏幕刷新时间延长。只有在增加视图模式下才可以显示出实际的底纹，若是其他显示模式，则 CorelDRAW X6 只在页面上用字母 PS 来代表 PostScript 填充。总之，无论使用底纹填充还是 PostScript 底纹填充，都会占用大量的系统资源，使系统的速度下降，因此对于比较大的对象，要小心使用。

使用"PostScript 底纹"对话框进行 PostScript 底纹填充，可以非常全面、详尽地设置填充的参数和填充方式。可以在绘图页面上选择要进行填充的对象，然后在填充工具的弹出式工具栏中单击"PostScript 填充对话框"按钮，打开"PostScript 底纹"对话框，如图 4-57 所示，选择填充纹理，单击"确定"按钮，效果如图 4-58 所示。

"PostScript 底纹"对话框包括如下选项。

- "底纹名称"下拉列表框：可以在该下拉列表框中选择一个 PostScript 底纹，可以用滚动条查看整个列表。
- "预览填充"复选框：选中时可以在预览框中预览 PostScript 底纹。未选中时，预览框内只显示此 PostScript 底纹的名称。单击"刷新"按钮可重新生成更改了参数之后的底纹。

图 4-57

图 4-58

- "参数"选项组：在 CorelDRAW X6 中，每个 PostScript 底纹至少可有两个参数来控制底纹产生不同的效果。要更改某个数值参数，可在文本框中输入一个值。不同的底纹有不同的参数。设置完成后，可以单击"确定"按钮，将 PostScript 底纹填充应用于选中的对象。

对于要应用 PostScript 底纹填充的对象，在进行填充之前，要把它放到合适位置，也就是说，在应用了填充之后，不要再随便移动它。对于应用了 PostScript 底纹填充的对象，特别是当对象信息比较大时，移动一次对象会花费比较长的时间。

4.6.6　创建双色图样填充

创建双色图样填充的操作步骤如下：

（1）选择一个对象。

（2）打开"填充"工具栏，然后单击"图样填充对话框"按钮，选中"双色"单选按钮，如图 4-59 所示。

（3）单击"前部"下拉列表框，选择前景色；单击"后部"下拉列表框，选择背景色。然后单击"创建"按钮，在如图 4-60 所示的对话框中进行编辑。

图　4-59

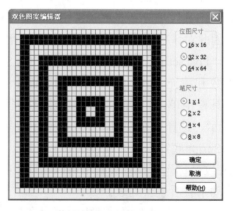

图　4-60

在"双色图案编辑器"对话框中，启用"位图尺寸"区域中的下列选项之一。

- 16×16：将"编辑"网格的分辨率更改为 16×16 方格。
- 32×32：将"编辑"网格的分辨率更改为 32×32 方格。
- 64×64：将"编辑"网格的分辨率更改为 64×64 方格。

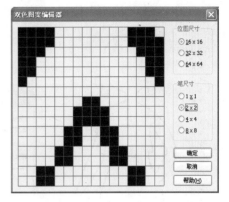

图 4-61

在"笔大小"区域中启用下列选项之一。

- 1×1：将笔更改为一个网格方格大小。
- 2×2：将笔更改为 2×2 个方格大小。
- 4×4：将笔更改为 4×4 个方格大小。
- 8×8：将笔更改为 8×8 个方格大小。

（4）在网格中单击以启用方格，如图 4-61 所示。如果要禁用方格，则右击方格。启用的方格构成前景，禁用的方格则构成背景，如图 4-62 所示。单击"确定"按钮，填充效果如图 4-63 所示。

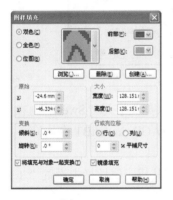

图 4-62

图 4-63

4.7 案例解析

4.7.1 Sweet标志设计

Sweet 标志的设计效果如图 4-64 所示。设计步骤如下：

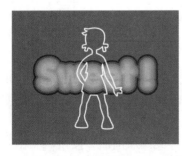 

图 4-64

Chapter 01 Chapter 02 Chapter 03 Chapter 04 Chapter 05 Chapter 06 Chapter 07 Chapter 08

（1）激活工具箱中的贝塞尔工具，绘制一个小女孩的剪影，用节点工具调整节点和节点之间的手柄，使线条流畅，效果如图 4-65 所示。

（2）激活工具箱中的轮廓笔工具，在"轮廓笔"对话框中设置如图 4-66 所示的参数。

（3）单击"确定"按钮，则设置轮廓笔后的效果如图 4-67 所示。

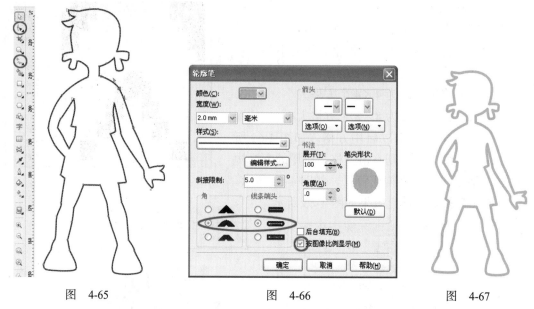

图 4-65　　　　　　　　图 4-66　　　　　　　　图 4-67

（4）激活工具箱中的文本工具，在画面中输入英文字母"Sweet!"，在其属性栏中调整相应参数，效果如图 4-68 所示（本案例字体为 VAGRoundedBT 字体）。

（5）如图 4-69 所示，激活工具箱中的轮廓图工具。

（6）按住鼠标左键，从文字上面向外拖曳，在其相应属性栏中设置"步长"为 5，"填充色"为"黄色"，效果如图 4-70 所示。

图 4-68　　　　　　　　图 4-69　　　　　　　　图 4-70

（7）单击窗口右侧调色板中的"白色"色块，将文字填充为白色，效果如图 4-71 所示。

（8）如图 4-72 所示，单击属性栏中的"顺时针轮廓图颜色"按钮，改变颜色的填充方式。

（9）选取小女孩剪影图形，单击属性栏中的"到图层前面"按钮，标志设计制作完成，效果如图 4-73 所示。

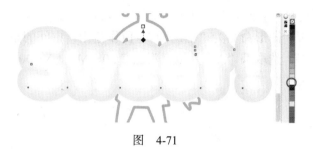

图　4-71

图　4-72　　　　　　　　　　　　　图　4-73

（10）改变背景色，可以利用轮廓图工具丰富的表现力，制作出不同风格的效果，最终效果如图 4-64 所示。

4.7.2　EkoXprove标志设计

EkoXprove 标志的设计效果如图 4-74 所示。设计步骤如下：

图　4-74

（1）激活工具箱中的椭圆形工具，如图 4-75 所示，按住 Ctrl 键在画面中绘制正圆图形。

（2）按住 Shift 键，拖动右下角手柄向外扩大一定距离并按鼠标右键复制一个正圆，然后用同样方法再复制一个正圆，此时 3 个正圆图形的大小如图 4-76 所示。

（3）将最大的正圆图形命名为"辅助圆"，留作他用。中间的正圆图形命名为"A"，最小的圆命名为"B"。选取圆"A"并填充颜色 C:50、M:0、Y:100、K:0，效果如图 4-77 所示。

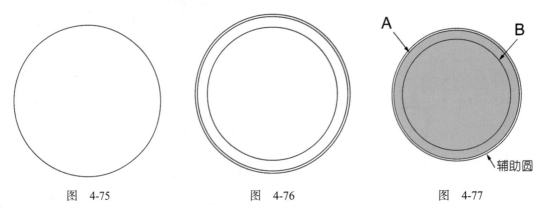

图　4-75　　　　　　　　　图　4-76　　　　　　　　　图　4-77

（4）选取圆"B"，激活工具箱中的渐变填充工具，在"渐变填充"对话框中设置如图 4-78 所示参数。

（5）单击"确定"按钮，则填充渐变后的效果如图 4-79 所示。

（6）选取"辅助圆"，按住 Shift 键，如图 4-80 所示，拖动右下角手柄向外扩大一定距离，按鼠标右键复制一个正圆。

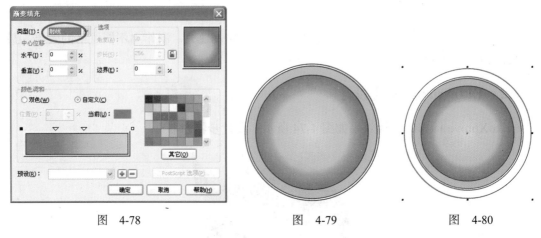

图　4-78　　　　　　　　　图　4-79　　　　　　　　　图　4-80

（7）激活工具箱中的形状工具，按住 Ctrl 键，拖动顶端的节点顺时针旋转 270°（注意拖动节点时，要在圆内拖动），使圆形变为 1/4 圆的饼形，效果如图 4-81 所示。

（8）将饼形图形填充为绿色 C:100、M:30、Y:100、K:0，然后单击属性栏中的"到图层后面"按钮，并删除轮廓线（使用轮廓笔中的无轮廓工具即可），效果如图 4-82 所示。

（9）先选取圆"A"，再按住 Shift 键单击饼形图形（加选），单击属性栏中的"修剪"按钮（图 4-83 中用红线勾出的部分就是修剪得到的部分），效果如图 4-83 所示。

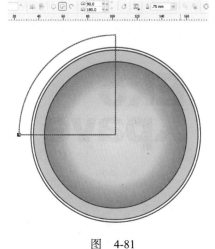

图　4-81　　　　　　　　　　　　　　　　　　　　图　4-82

（10）激活工具箱中的贝塞尔工具，在如图 4-84 所示位置绘制一个叶形图形，注意用形状工具调整形态，使其线条流畅。

（11）用同样方法再复制两个叶形图形，并调整形态，效果如图 4-85 所示。

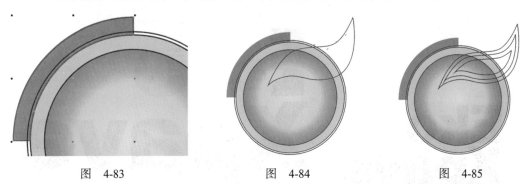

图　4-83　　　　　　　　　　　图　4-84　　　　　　　　　　　图　4-85

（12）将最小的叶形图形填充为绿色 C:100、M:30、Y:100、K:0，中间的叶形图形填充为绿色 C:50、M:0、Y:100、K:0，效果如图 4-86 所示。

（13）选取最大的叶形图形，再按住 Shift 键单击圆"A"图形（加选），单击属性栏中的"修剪"按钮，效果如图 4-87 所示。

（14）将最大的叶形图形删除，效果如图 4-88 所示。

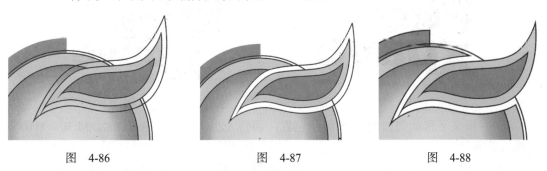

图　4-86　　　　　　　　　　　图　4-87　　　　　　　　　　　图　4-88

（15）激活工具箱中的文本工具，在画面中输入英文字母"Eko Xpave"，注意大小写，效果如图 4-89 所示。

（16）激活工具箱中的形状工具，分别调整左下角和右下角的字符，调整字距和行距，效果如图 4-90 所示。

图 4-89

图 4-90

（17）将文字曲线化后单击属性栏中的"打散"按钮🔲，将文字拆为独立的两行，如图 4-91 所示。然后再分别选取每行，单击属性栏中的"打散"按钮，使得每个字母可独立选取。

（18）将第二行的字母全选，如图 4-92 所示，选择"排列"→"对齐和分布"→"顶端对齐"命令，效果如图 4-93 所示。

图 4-91

图 4-92

（19）分别调整字母的大小，将字母"O"换成圆环，效果如图 4-94 所示（圆环的制作方法：绘制两个同心圆，单击属性栏中的"结合"按钮🔲）。

图 4-93

图 4-94

（20）将文字移动到如图 4-95 所示位置，调整大小，填充颜色 C:100、M:30、Y:100、K:0。

（21）选取文字并向左上角移动一定位置，按鼠标右键复制，将复制的文字填充为白色，效果如图 4-96 所示。

图 4-95　　　　　　　　　　　图 4-96

（22）在画面中输入英文"EKOFOODS"，选择类似图 4-97 中所示的字体。

EKOFOODS

图　4-97

（23）激活工具箱中的形状工具，拖动右边的字符加大字距并调整文字大小，效果如图 4-98 所示。

（24）选择"文本"→"使文本适合路径"命令，将文字指定给"辅助圆"，位置如图 4-99 所示。

（25）确认位置后单击，制作文本路径后的效果如图 4-100 所示。

（26）双击"辅助圆"并按 Delete 键删除，效果如图 4-101 所示。

（27）删除圆"A"、圆"B"和叶形图形的边线，标志设计制作完成，最终效果如图 4-74 所示。

图　4-98　　　　　图　4-99　　　　　图　4-100　　　　　图　4-101

4.7.3　FROG标志设计

FROG 标志的设计效果如图 4-102 所示。设计步骤如下：

图　4-102

（1）激活工具箱中的贝塞尔工具，用直线绘出青蛙的右边造型。再激活轮廓笔工具，设置线条颜色为酒绿，效果如图 4-103 所示。

（2）激活形状工具，右击并在弹出的快捷菜单中选择"直线转换为曲线"命令，对其节点进行调整，使其线条流畅、自然，效果如图 4-104 所示。

（3）激活工具箱中的贝塞尔工具，用直线绘出青蛙的右边脚的造型，再激活轮廓笔工具，设置线条颜色为酒绿，效果如图 4-105 所示。

（4）激活形状工具，右击并在弹出的快捷菜单中选择"直线转换为曲线"命令，对其节点进行调整，使其线条流畅、自然，效果如图 4-106 所示。

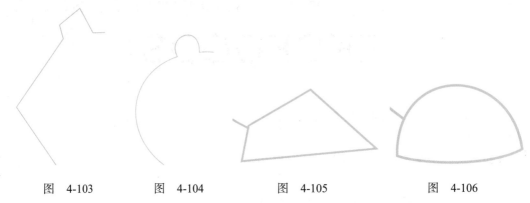

图 4-103   图 4-104   图 4-105   图 4-106

（5）激活工具箱中的贝塞尔工具，首先绘制一条直线，然后再激活椭圆形工具，按住 Ctrl 键绘制正圆并填充酒绿色，完成效果如图 4-107 所示。

（6）用同样的方法，用直线绘出青蛙右边眼睛的轮廓，效果如图 4-108 所示，然后调整节点，效果如图 4-109 所示。

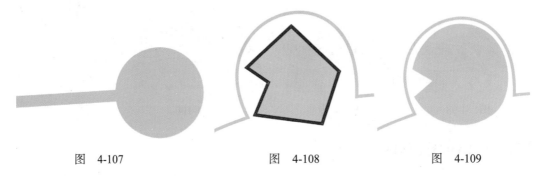

图 4-107   图 4-108   图 4-109

（7）将绘制的所有图形调整位置及大小并全选，右击并在弹出的快捷菜单中选择"群组"命令，效果如图 4-110 所示。

（8）选择图 4-110 中的图形，按 Ctrl+C 快捷键复制该图形，按 Ctrl+V 快捷键并粘贴，然后调整到合适位置，效果如图 4-111 所示。

（9）激活工具箱中的贝塞尔工具，首先绘制一条直线，然后再激活椭圆工具，按住 Ctrl 键绘制正圆并填充酒绿色，效果如图 4-112 所示。

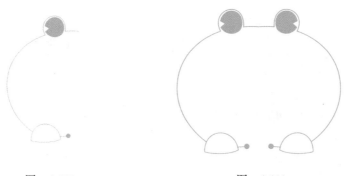

图 4-110   图 4-111

（10）激活工具箱中的贝塞尔工具，用直线绘制青蛙嘴的轮廓，效果如图 4-113 所示，激活形状工具，右击并在弹出的快捷菜单中选择"直线转换为曲线"命令，对其节点进行调整，使其线条流畅、自然，舌头的绘制步骤同上，效果如图 4-114 所示。

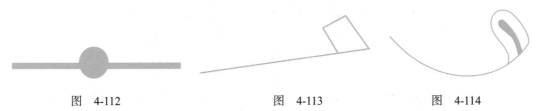

图   4-112   图   4-113   图   4-114

（11）激活工具箱中的椭圆形工具，按住 Ctrl 键绘制 3 个正圆并填充酒绿色，分别表示嘴角和鼻孔，效果如图 4-115 所示。

（12）用同样的方法，用直线绘制王冠的轮廓，填充色为酒绿色，如图 4-116 所示，然后调整节点，效果如图 4-117 所示。

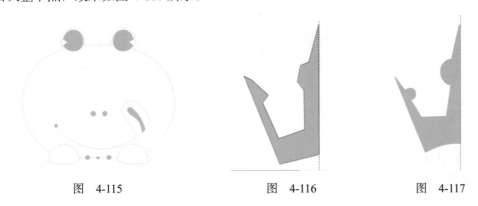

图   4-115   图   4-116   图   4-117

（13）将图 4-117 中的图形选中，复制并粘贴图形，单击属性栏中的"水平镜像"按钮进行翻转，调整到合适位置，同时绘制王冠的底边，绘制步骤同上，效果如图 4-118 所示。青蛙王子的标志图案部分完成，如图 4-119 所示。

（14）激活工具箱中的文字工具，输入"FROG"，字体为 Franklin Gothic Medium，斜体变化，其他设置如图 4-120 所示。

（15）选中字体并右击，如图 4-121 所示，在弹出的快捷菜单中选择"转换为曲线"命令。

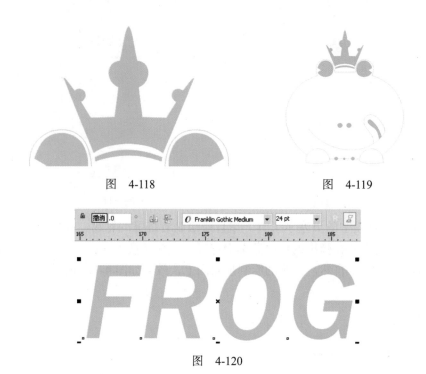

图 4-118　　　　　　　　图 4-119

图 4-120

（16）再次选中字体并右击，如图 4-122 所示，在弹出的快捷菜单中选择"打散曲线"命令，效果如图 4-123 所示。

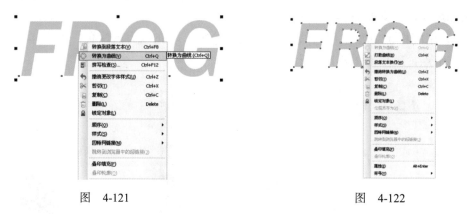

图 4-121　　　　　　　　图 4-122

（17）激活工具箱中的形状工具，利用锚点的添加和删除调整字体的形态，效果如图 4-124 所示。

图 4-123　　　　　　　　图 4-124

（18）激活工具箱中的文本工具，输入"PRINCE"，字体为 Franklin Gothic Medium，

斜体变化，字体的其他设置如图 4-125 所示。

图　4-125

（19）选中字体并右击，通过"转换为曲线"命令和"打散曲线"命令进行调整，完成的字体效果如图 4-126 所示。

（20）利用锚点的添加和删除调整字体的形态，完成后的字体效果如图 4-127 所示。最终效果如图 4-102 所示。

PRINCE PRINCE

图　4-126    图　4-127

4.7.4　咖啡标志设计

咖啡标志设计效果如图 4-128 所示。设计步骤如下：

图　4-128

（1）激活工具箱中的多边形工具，在其相应的属性栏中设置"边数"为 40，如图 4-129 所示，按住 Ctrl 键绘制一个边长大小为 135mm 左右的多边形。

（2）激活工具箱中的形状工具，选取一个节点，按住 Ctrl 键向内收缩一定距离，效果如图 4-130 所示。

（3）继续采用形状工具在一个尖角的两边，分别双击插入两个节点（注意节点要对称），如图 4-131 所示。

（4）如图 4-132 所示，选取顶角的节点，在其相应的属性栏中单击"转换为曲线"按钮。

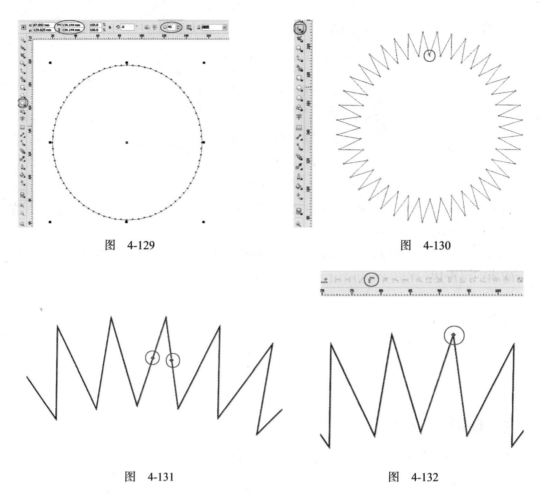

图　4-129　　　　　　　　　　　　　　图　4-130

图　4-131　　　　　　　　　　　　　　图　4-132

（5）如图 4-133 所示，首先删除顶角的节点，然后调整两边节点上的手柄，将顶角调整为圆弧形，最终调整效果如图 4-134 所示。

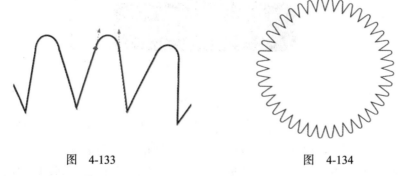

图　4-133　　　　　　　　　　　　　　图　4-134

（6）激活工具箱中的均匀填充工具，在弹出的对话框中按图 4-135 所示设置色彩参数，单击"确定"按钮，效果如图 4-136 所示。

（7）激活轮廓笔工具，选择"无轮廓"选项，然后分别在上、左的标尺内拖出辅助线，使得辅助线的交叉点与多边形的中心重合，效果如图 4-137 所示。

（8）激活工具箱中的椭圆形工具，按住 Ctrl 键绘制一个正圆，并将圆形图形的中心点与多边形重合，效果如图 4-138 所示。

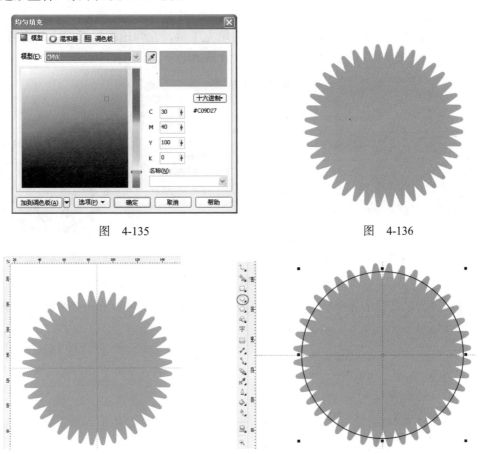

Chapter 01
Chapter 02
Chapter 03
Chapter 04
Chapter 05
Chapter 06
Chapter 07
Chapter 08

图　4-135

图　4-136

图　4-137

图　4-138

（9）激活选择工具，如图 4-139 所示，选择圆形图形左上角锚点，按住 Shift 键向内收缩一定距离，并按鼠标右键复制 4 个同心圆。

（10）复制的 4 个圆形大小如图 4-140 所示，为了便于说明，由外向内，分别命名为"圆 a"、"圆 b"、"圆 c"和"圆 d"。

（11）选择"圆 a"，填充 C:30、M:40、Y:100、K:0 颜色；选择"圆 b"，填充为白色；选择"圆 c"，填充为 C:0、M:0、Y:50、K:0 颜色；选择"圆 d"，填充为 C:30、M:40、Y:100、K:0 颜色，效果如图 4-141 所示。

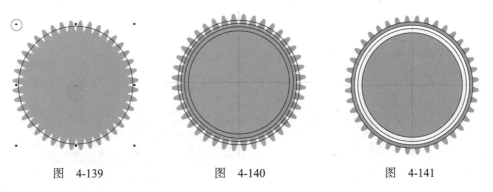

图　4-139

图　4-140

图　4-141

（12）依次选择 4 个圆形，如图 4-142 所示，用鼠标右键单击"删除"按钮，将 4 个圆形图形的轮廓线删除。

（13）选取"圆 d"，激活工具箱中的渐变填充工具，在弹出的对话框中，按图 4-143 所示设置渐变填充参数。单击"确定"按钮，效果如图 4-144 所示。

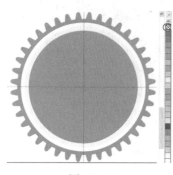

图　4-142　　　　　　　　　图　4-143　　　　　　　　　图　4-144

（14）激活工具箱中的矩形工具，在如图 4-145 所示位置绘制一个矩形。

（15）激活工具箱中的形状工具，拖动矩形边角的节点，将矩形转变为圆角矩形，效果如图 4-146 所示。

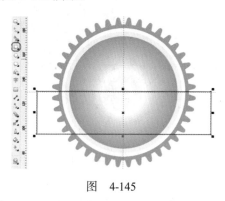
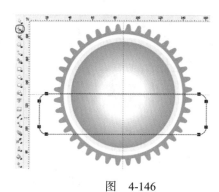

图　4-145　　　　　　　　　　　　　　图　4-146

（16）选取圆角矩形，按住 Shift 键向内收缩一定距离，按下鼠标右键复制，效果如图 4-147 所示。

（17）选取大的圆角矩形，激活工具箱中的轮廓笔工具，在弹出的对话框中按图 4-148 所示设置参数。

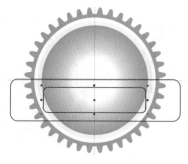
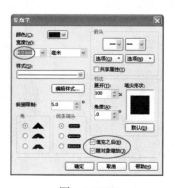

图　4-147　　　　　　　　　　　　　图　4-148

（18）单击"确定"按钮，效果如图 4-149 所示。

（19）选取小的圆角矩形，并填充为红色，然后删除轮廓线，效果如图 4-150 所示。

图 4-149   图 4-150

（20）选取大的圆角矩形，填充 C:0、M:100、Y:100、K:90 颜色，效果如图 4-151 所示。

（21）激活工具箱中的调和工具，从小的圆角矩形调和至大的圆角矩形。在调和工具相应的属性栏中设置"步长"为 15，效果如图 4-152 所示。

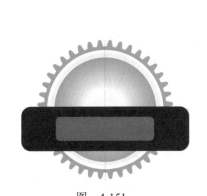
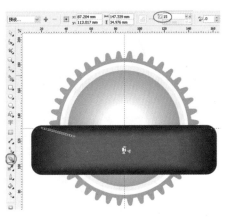

图 4-151   图 4-152

（22）激活工具箱中的文本工具，在画面中输入英文，调整大小、字体（仅作参考）、位置，并填充 C:0、M:0、Y:50、K:0 颜色，效果如图 4-153 所示。

（23）选取文字并向左上角移动一定距离，按下鼠标右键复制，填充为红色，效果如图 4-154 所示。

图 4-153   图 4-154

（24）选取黄色文字并向左上角移动一定距离，按下鼠标右键复制，调整三者的透视角度，效果如图 4-155 所示。

（25）接下来制作咖啡豆。激活工具箱中的椭圆形工具，绘制一个内径大小为 35mm 左右的椭圆，如图 4-156 所示。

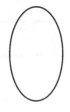

图　4-155　　　　　　　　　　　　　　图　4-156

（26）在椭圆上面再绘制一个大的椭圆，位置和大小如图 4-157 所示。

（27）选取大的椭圆，向左移动一定距离并复制，效果如图 4-158 所示。

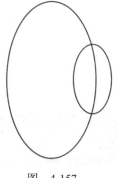

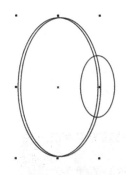

图　4-157　　　　　　　　　　　　图　4-158

（28）选择其中一个大的椭圆上中间的锚点，按住 Shift 键向内收缩一定距离，使二者之间的空隙相对均匀，效果如图 4-159 所示。

（29）将两个大的椭圆一同选取，如图 4-160 所示，在属性栏中单击"合并"按钮。

（30）按 Shift 键加选小的椭圆，如图 4-161 所示，在属性栏中单击"修剪"按钮。

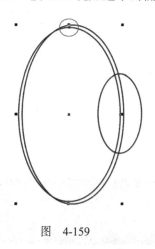

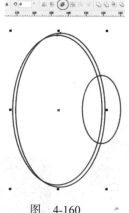

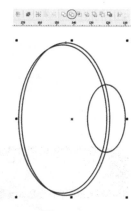

图　4-159　　　　　　　图　4-160　　　　　　　图　4-161

（31）经过合并、修剪后，删除大的椭圆，咖啡豆外形制作完成，效果如图 4-162 所示。

（32）在咖啡豆图形上面单击，出现旋转手柄，按住 Ctrl 键，向左旋转 30°角，如图 4-163 所示。

（33）再旋转 60°并按下鼠标右键复制，将复制的咖啡豆图形缩小，调整至合适位置，效果如图 4-164 所示。

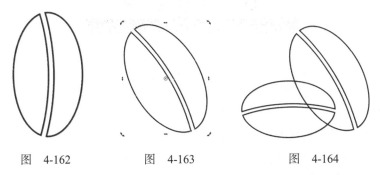

图　4-162　　　　　　图　4-163　　　　　　图　4-164

（34）将两个咖啡豆图形一同选取，填充为如图 4-165 所示颜色，激活轮廓笔工具，设置颜色为 C:0、M:0、Y:3、K:0，其他参数设置如图 4-166 所示。

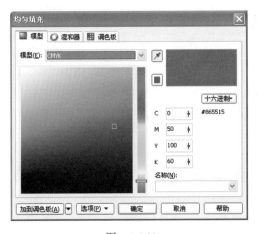

图　4-165

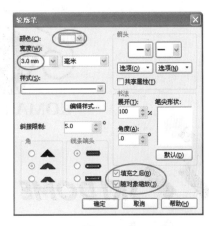

图　4-166

（35）填充咖啡豆图形后，调整位置，效果如图 4-167 所示。

（36）输入如图 4-168 所示的文字（字体仅供参考）。

图　4-167

图　4-168

（37）选择"文本"→"使文本适合路径"命令，将文字路径调整为如图 4-169 所示效果。

图 4-169

（38）将文字填充为白色，咖啡标志设计制作完成，最终效果如图 4-128 所示。

思考与练习

1．掌握标志的表现形式及设计的基本原则。

2．熟练掌握填充工具，特别是渐变填充工具的使用方法。

3．熟练掌握图样编辑工具。

4．临摹如图 4-170 所示的作品。

图 4-170

Chapter 05

图形、图案的设计

本章内容

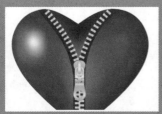
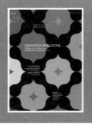

图形可以理解为除摄影以外的一切图和形。设计者以其独特的想象力，使图形在版面构成中展示着独特的视觉魅力。图形是在平面构成要素中形成广告性格及提高视觉注意力的重要素材。图形能够左右广告的传播效果。图形占据了重要版面，有的甚至是全部版面。图形往往能引起人们的注意，并激发阅读兴趣，图形给人的视觉印象要优于文字，因此要合理地运用图形符号。如图 5-1 和图 5-2 所示为图形设计效果。

图 5-1   图 5-2

图案即图形的设计方案。一般而言，可以把非再现性的图形表现都称作图案，包括几何图形、视觉艺术和装饰艺术等图案，如图 5-3 所示。

图 5-3

图案教育家、理论家雷圭元先生在《图案基础》一书中，对图案的定义综述为："图案是实用美术、装饰美术、建筑美术方面，关于形式、色彩、结构的预先设计。在工艺材料、用途、经济、生产等条件制约下，制成图样、装饰纹样等方案的通称。"

5.1 图形创意的表现形式

图形作为设计的语言之一，要把意思表达清楚。在处理中必须抓住主要特征，注意关键部位的细节。否则差之毫厘，失之千里。

图形作为构成广告版面的主要视觉元素，其关键在于是否和广告效果具有密切的关系。图形表现的趣味性浓厚，才能吸引人们的注意力，得到预期的广告效果。广告的图形是用来创造一个具有强烈感染力的视觉形象。广告作为视觉信息传递的媒介，是一种文字语言和视觉形象的有机结合物，作为视觉艺术，强调的是观感效果，而这一视觉效果并非广告文字的简单解释。在广告设计中，图形创意的作用主要表现在以下几个方面：

- 准确传达广告的主题，并且使人们更易于接受和理解广告的看读效果。
- 有效利用图形的视觉效果，吸引人们的注意力。
- 具有引导作用，猎取人们的心理反应，使人们被图形吸引从而将视线转向文字。

图形的创意表现是通过对创意的中心的深刻思考和系统分析，充分发挥想象思维和创造力，将想象、意念形象化、视觉化。这是创意的最后环节，也是关键的环节，是从怎样分析、怎样思考到怎样表现的过程。由于人类特有的社会劳动和语言，使人的意识活动达到了高度发展的水平，人的思维是一个由认识表象开始，再将表象记录到大脑中形成概念，而后将这些来源于实际生活经验的概念普遍化并加以固定，从而使外部世界乃至自身思维世界的各种对象和过程均在大脑中产生各自对应的映像。这些映像是由直接的外在关系中分离出来，独立于思维中保持并运作的。这些映像以狭义语言为基础，又表现为可视图形、肢体动作、音乐等广义语言。

奇、异、怪的图形并非是设计师追求的目标，通俗易懂、简洁明快的图形语言，才是达到强烈视觉冲击的必要条件，以便于公众对广告主题的认识、理解与记忆。

在一定的艺术哲理与视觉原理中，创意通过上下几千年纵横万里想象与艺术创造。作为复杂而妙趣横生的思维活动的创意，在现在的图形创意、广告设计中，它是以视觉形象出现的，而且具有一定的创意形式，如图 5-4 所示。

图 5-4

图形本身是视觉空间设计中的一种符号形象，是视觉传达过程中较直接、较准确的传达媒体，它在人们交流文化、信息方面起到了不可忽视的作用。在图形设计中，符号学的运用影响着图形设计的表形性思维的表诉。也正是由于它的存在，使平面图形设计的信息传达更加科学准确，表现手法更加丰富多彩。

平面图形设计本身是符号的表达方式，设计者借此向受众传达自身的思维过程与结论，达到指导或是劝说的目的；换言之，受众也正是通过设计者的作品，与自身经验加以印证，最终了解设计者所希望表达的思想感情。显而易见，平面图形设计作品时就充当着设计者思想感情的符号，而这个符号所需表达的信息是否可以被受众准确、快速、有效地接受与认知，就成了设计作品成功与否的标志。这正是由设计者在设计过程中对图形符号的挑选、组合、转换、再生把握的准确有效程度所决定的。由此可以说，符号是表达思想感情的工具。而"工欲善其事，必先利其器"这句古训在这里得到了新的诠释，如图 5-5 所示即为一图形创意效果。

图　5-5

5.2 图案创意的表现形式

5.2.1　变化与统一

变化，是指图案的各个组成部分的差异。统一，是指图案的各个组成部分的内在联系。

图案不论大小都包括内容的主次、构图的虚实聚散、形体的大小方圆、线条的长短粗细、色彩的明暗冷暖等各种矛盾关系，这些矛盾关系使图案生动活泼，有动感，但处理不好，又易杂乱。如用统一的手法把它们有机地组织起来，形成既丰富，又有规律，从整体到局部做到多样统一的效果。统一中求变化，在变化中求统一，使图案的各个组成部分既有区别又有内在联系的变化的统一体，如图 5-6 所示。

图　5-6

5.2.2 对称与均衡

对称，指假设的一条中心线（或中心点），在其左右、上下或周围配置同形、同量、同色的纹样所组成的图案。

从自然形象中，到处都可以发现对称的形式，如人类的五官和形体、植物对生的叶子、蝴蝶等，都是左右对称的典型。从心理学角度来看，对称满足了人们生理和心理上对于平衡的要求，对称是原始艺术和一切装饰艺术普遍采用的表现形式，对称形式构成的图案具有重心稳定和静止庄重、整齐的美感，如图 5-7 所示。

图　5-7

均衡，是指中轴线或中心点上下左右的纹样等量不等形，即分量相同，但纹样和色彩不同，是依中轴线或中心点保持力的平衡。在图案设计中，这种构图生动活泼，富于变化，有动的感觉，具有变化美，如图 5-8 所示。

图　5-8

5.2.3 条理与反复

条理是有条不紊，反复是来回重复，条理与反复即有规律地重复。

自然界的物象都是在运动和发展着的。这种运动和发展是在条理与反复的规律中进行的，如植物花卉的枝叶生长规律，花形生长的结构，飞禽羽毛、鱼类鳞片的生长排列，都呈现出条理与反复这一规律。

图案中的连续性构图，最能说明这一特点。连续性的构图是装饰图案中的一种组织形式，它是将一个基本单位纹样作上下左右连续，或向四方重复地连续排列而成的连续纹样。图案纹样有规律地排列，有条理地重叠交叉组合，使其具有淳厚质朴的感觉，如图 5-9 所示。

图　5-9

5.2.4　节奏与韵律

节奏是规律性的重复。节奏在音乐中被定义为"互相连接的音，所经时间的秩序"，在造型艺术中则被认为是反复的形态和构造。在图案中将图形按照等距格式反复排列，作空间位置的伸展，如连续的线、断续的面等，就会产生节奏。

韵律是节奏的变化形式。它变节奏的等距间隔为几何级数的变化间隔，赋予重复的音节或图形以强弱起伏、抑扬顿挫的规律变化，就会产生优美的律动感。

节奏与韵律往往互相依存，互为因果。韵律在节奏基础上丰富，节奏是在韵律基础上的发展。一般认为节奏带有一定程度的机械美，而韵律又在节奏变化中产生无穷的情趣，如植物枝叶的对生、轮生、互生，各种物象由大到小，由粗到细，由疏到密，不仅体现了节奏变化的伸展，也是韵律关系在物象变化中的升华，如图 5-10 所示效果中即体现了节奏与韵律。

图　5-10

5.2.5　对比与调和

对比是指在质或量方面有差异的各种形式要素的相对比较。在图案中常采用各种对比方法。一般是指形、线、色的对比；质量感的对比；刚柔静动的对比。在对比中相辅相成，互相依托，使图案活泼生动，而又不失于完整，如图 5-11 所示。

调和，即构成美的对象在部分之间不是分离和排斥，而是处于统一、和谐，被赋予了秩序的状态。一般来讲，对比强调差异，而调和强调统一，适当减弱形、线、色等图案要素间的差距，如同类色配合与邻近色配合具有和谐宁静的效果，可给人以协调感，如图 5-12 和图 5-13 所示。

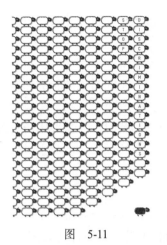

图　5-11

图　5-12

图　5-13

对比与调和是相对而言的，没有调和就没有对比，它们是一对不可分割的矛盾统一体，也是实现图案设计统一变化的重要手段。

5.3 CorelDRAW X6 图形的特殊效果

在前面 4 章已经介绍了绘制基本图形和为对象进行填充及设置轮廓线的方法，仅仅这些还不能满足设计人员的基本需要。如果一个设计人员想创作出具有专业水准的作品，必须使用 CorelDRAW X6 中提供的其他特效工具：创建调和效果、轮廓图效果、变形和封套效果、生成立体化效果和为图形对象添加阴影效果等。此外，添加透镜效果有助于强调或者突出图形对象的某一局部，添加透视点效果则能够为平面图形增添立体感。下面将一一进行介绍。

5.3.1 调和效果

1. 调和效果简介

所谓调和，是指在两个对象之间创建渐变的现象，实现从一个对象到另一个对象的轮廓填充的渐变效果。调和效果是 CorelDRAW X6 中最强大及最常用的特效工具，可以使用它创造出非常奇特的效果。

CorelDRAW X6 允许创建直线调和、沿路径调和以及复合调和。

直线调和显示形状和大小从一个对象到另一个对象的渐变。中间对象的轮廓和填充颜色在色谱中沿直线路径渐变。中间对象的轮廓显示厚度和形状的渐变。

创建调和后，可以将其设置复制或克隆到其他对象。复制调和时，对象采用所有调和相关设置，但不包括设置的轮廓和填充属性。克隆调和时，对原始调和（也叫主对象）所做的更改应用于克隆。

2. 调和属性栏

运用调和效果时，首先在画面上选择两个封闭的填充对象，这两个对象可以是美术字文本，也可以是组合对象，然后在工具箱中激活交互式调和工具，其属性栏如图 5-14 所示，用户可以先在属性栏上调整参数，然后进行调和；或者先进行调和，再在属性栏上调整参数。如图 5-15 所示，按住鼠标左键从起点对象到终点对象进行拖动，即可在两个对象之间出现中间对象的轮廓和填充颜色，松开鼠标左键，就完成了一个最简单的调和效果。

图　5-14

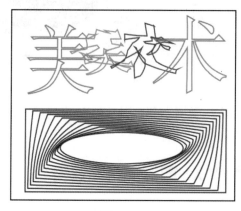

图　5-15

"交互式调和工具"属性栏选项介绍如下。

- "位置"和"大小"：X、Y 两个数值框 为对象的左上顶点的坐标值，属于对象的位置。 表示对象的大小。
- 步数或中间对象之间的偏移量 ：默认值为 20 步，即中间对象为 20 个。用户可以根据起始对象和结束对象之间的距离和实际的需要在此框中输入相应的步数。
- "调和方向"数值框 ：可以在从起始对象渐变到结束对象的过程中旋转调和的中间对象。输入负值时，按顺时针旋转这些对象。
- "环绕调和"按钮 ：当调和方向不为 0 时，此按钮有效。单击这个按钮可以旋转调和的中间对象，但这时的旋转是围绕起始对象和结束对象旋转中心之间的连线的中点来进行的，这将创建一个弧形图形。再次单击这个按钮，对象将围绕各自的旋转中心旋转。两种情况的旋转量都等于调和方向框中设置的值。

- "直接调和"按钮：："渐变填充"对话框中的色轮及其左边的 3 个方向按钮在直接调和时，沿经过色谱的一条直线路径来调和起始和结束对象的颜色。这个路径从起始对象的颜色渐变到结束对象的颜色，如图 5-16 所示为直接调和效果。
- "顺时针调和"按钮：：按经过色谱的一条顺时针路径来调和起始和结束对象的颜色。这个路径将会从起始对象的颜色渐变到结束对象的颜色。如果单击顺时针调和，则效果如图 5-17 所示。

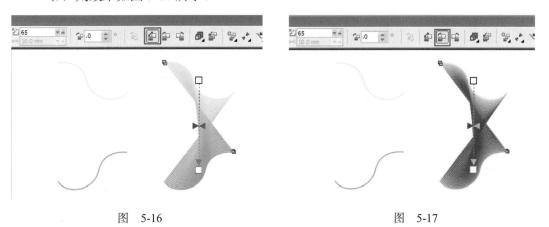

图 5-16   图 5-17

- "逆时针调和"按钮：：按经过色谱的一条逆时针路径来调和起始和结束对象的颜色。这个路径将会从起始对象的颜色渐变到结束对象的颜色。如果单击"逆时针调和"按钮，效果如图 5-18 所示。
- "对象和颜色加速"按钮：：单击该按钮右下角的黑色三角符号，可以打开对象加速滑块和颜色加速滑块，分别用来定义对象或颜色的分布情况。在默认状态下，中间对象的变化都是均匀的，经过加速，就有了一种变化趋势。如果向起始对象加速，则中间对象越靠近起始对象越密，可以视为一种加速，效果如图 5-19 所示。

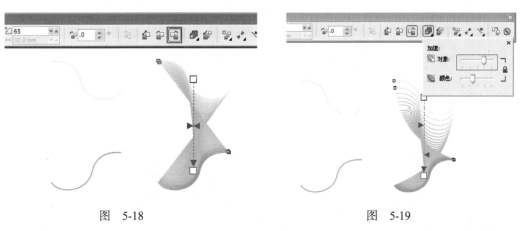

图 5-18   图 5-19

- "调整加速大小"按钮：：如果要改变加速起始和结束对象间的大小，则单击这个按钮，并调整三角形滑块。若使用默认值，则不需单击此按钮，效果如图 5-20 所示。

● "杂项调和选项" 按钮：单击此按钮，可以打开一个弹出式菜单，如图 5-21 所示。

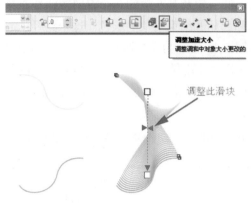

图　5-20 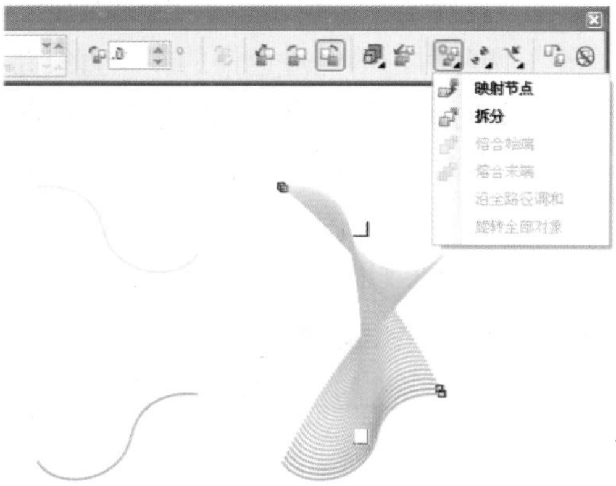　　　　　　　　　　　　　　　　　图　5-21

● "起始和结束对象属性" 按钮：单击此按钮，可以显示出一个弹出式菜单，如图 5-22 所示，包含 4 个命令：新起点、显示起点、新终点和显示终点。"显示起点" 和 "显示终点" 命令通俗易懂，用来显示起始对象和终止对象；"新起点" 和 "新终点" 命令的作用是调换起始对象或最终对象。当选择这两个命令中的一个时，鼠标指针变成黑色三角形状，单击另一个对象时，就完成了替换。当然，单击的对象应该是有效的对象。如图 5-23 所示，增加一个终点对象 "星形"，然后单击 "起始和结束对象属性" 按钮中的新终点，再单击 "星形" 对象时，效果如图 5-24 所示。

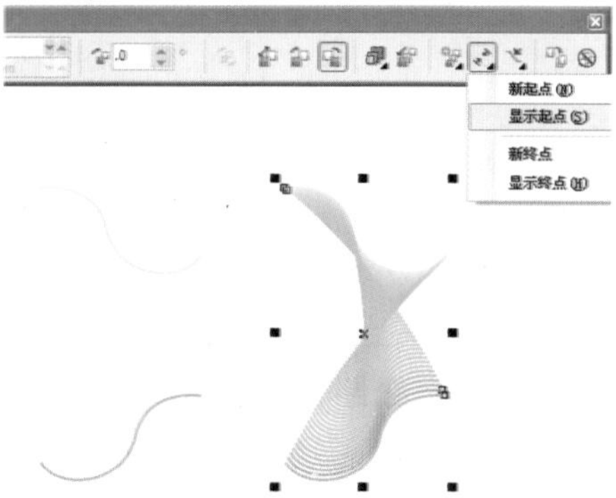

图　5-22

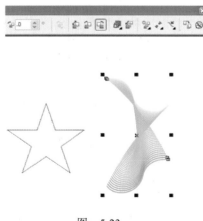

图　5-23

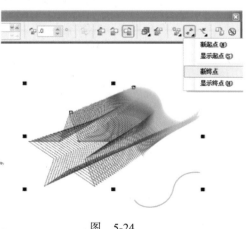

图　5-24

● "路径属性"按钮：主要用来改变对象与路径的适配。

"交互式调和工具"属性栏的使用方法如下：

（1）激活椭圆形工具，按住 Ctrl 键绘制正圆，然后单击属性栏上的"转化为曲线"按钮，然后根据需要设置轮廓线宽度，效果如图 5-25 所示。

（2）分别绘制两个等大的小圆，并置于对应位置，使其圆心与大圆的边缘重合，然后将其转化为曲线后，效果如图 5-26 所示。

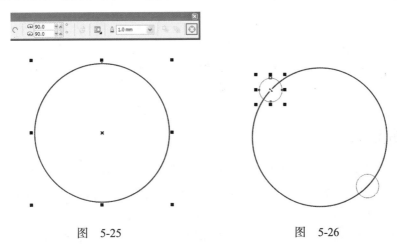

图　5-25　　　　　　　　　　图　5-26

（3）激活交互式调和工具，在其属性栏中合理设置"步长"为 6，然后做两个图形之间的调和效果，如图 5-27 所示。

（4）选择属性栏上的"路径属性"→"新路经"命令，此时鼠标指针由箭头变成弯曲状，然后单击大圆，效果如图 5-28 所示。

（5）激活选择工具，分别拖移首尾两端的小圆，使其相对均匀地排列在大圆轮廓上，效果如图 5-29 所示。

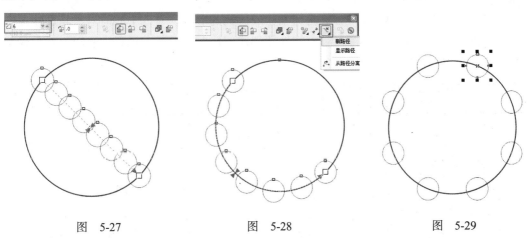

图　5-27　　　　　　　图　5-28　　　　　　图　5-29

（6）激活选择工具，单击除首尾两端的小圆外的其他任意一个小圆。选择"排列"→"拆分路径上群组的混合"命令，此时属性栏如图 5-30 所示。

（7）激活选择工具，框选所有圆形并单击"修剪"按钮，效果如图 5-31 所示。

（8）分别删除其他小圆，效果如图 5-32 所示，并将其保存为"齿轮"文件。

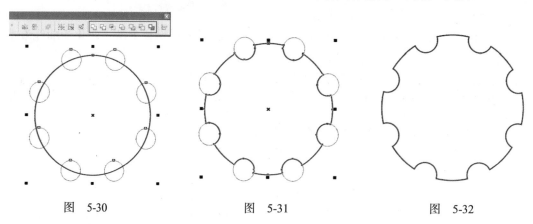

图　5-30　　　　　　　　　　图　5-31　　　　　　　　　　图　5-32

5.3.2　轮廓图效果

所谓轮廓图效果是指为对象增加同心的轮廓线，这些轮廓线可以向对象的中心靠拢，也可以远离对象的边缘线。该效果可以为对象制作出朦胧的边缘，也给对象增加一种奇异的美感。使用交互式轮廓线工具及其属性栏，可以非常方便地应用轮廓图效果。

当使用交互式轮廓线工具为图形对象添加轮廓图效果时，系统将自动打开"交互式轮廓线工具"属性栏，如图 5-33 所示。利用该属性栏可以精确设置轮廓图效果。

图　5-33

打开"齿轮"文件，单击"到中心"按钮，将对象内部各区域创建成比例的形状。对象逐渐缩小直至各对象的中心，效果如图 5-34 所示。

单击"向内"按钮，将在对象内部创建成比例的形状，靠近中心时对象轮廓线逐渐变小；单击"向外"按钮，将在对象的外部创建成比例的形状，远离中心时，对象轮廓逐渐变大，对比效果如图 5-35 所示。

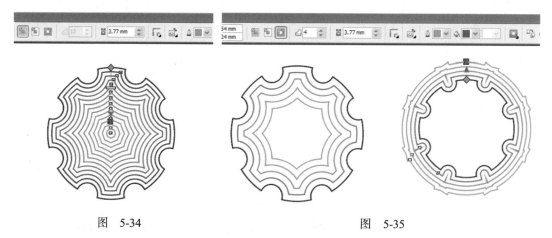

图　5-34　　　　　　　　　　图　5-35

如果要设置轮廓图的数目，在"轮廓图步长值"数值框中输入需要的数字，以定义新对象的个数，步数越多，轮廓线越密。如果要指定相邻两图形对象之间的距离，在"轮廓图偏移量"数值框 ▢ 3.77 mm 中输入相应的数值。单击"线性轮廓图颜色"按钮 ▢、"顺时针轮廓图颜色"按钮 ▢ 和"逆时针轮廓图颜色"按钮 ▢ 来定义轮廓色和填充色之间在色轮上通过的路径。

轮廓图效果同样适用于文字，只要在属性栏中设置合适的参数，同样可以创造许多特殊的文字效果，如图 5-36 所示。

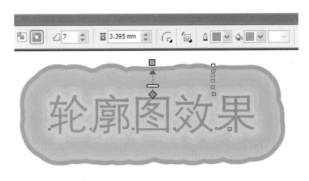

图　5-36

5.3.3　变形效果

使用交互式变形工具可以使对象发生各种随意的变化，创造出奇异的效果，但是位图文件和段落文本不能应用此效果。在 CorelDRAW X6 中，提供了推拉变形、拉链变形和扭曲变形 3 种变形方法，并且允许把交互式变形工具与属性栏结合起来，精确地控制变形的幅度和变形的方式。

1．推拉变形效果

用户在选择了工具箱中的交互式变形工具后，将弹出"交互式变形"属性栏，如图 5-37 所示，绘制两个等大的正方形，利用辅助线确认中心点。单击"推拉变形"按钮 ▢，然后在对象上单击以设置中心点并进行推拉，此时对象外形会随之发生变化，一般是向右拉时，对象边角变尖锐，向外扩展效果如图 5-38 所示；向左拉时，对象边角向内收，对象的边变为弧线，效果如图 5-39 所示。

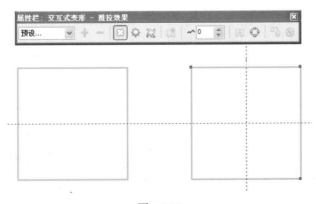

图　5-37

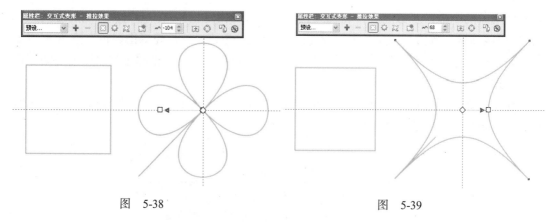

图　5-38　　　　　　　　　　　　　　　图　5-39

下面简单介绍推拉变形效果属性栏中的常用选项的功能。

- "添加新的变形"按钮：可以在一个已变形的对象中添加新变形，即叠加变形。
- "推拉失真振幅"数值框：输入一个幅度值以决定应用于选定对象的"推"或"拉"变形的幅度。可输入 –200 ～ 200 之间的值。当取值在 –200 ～ –1 之间时，应用"拉"变形，而 1 ～ 200 之间的值应用"推"变形。值越接近这个范围的外限，应用于对象的"推"或"拉"变形就越明显。
- "中心变形"按钮：单击该按钮可以将选定对象的变形效果精确定位在对象的中心。
- "转换为曲线"按钮：单击该按钮将选定对象转换为曲线对象。
- "复制变形属性"按钮：单击该按钮将把其他变形属性赋予新对象。
- "清除变形"按钮：单击该按钮将撤销变形。

2. 拉链变形效果

在属性栏上单击"拉链变形"按钮可以设置拉链变形效果，拖动失真控制柄，离对象越远，对象变形越强烈，如图 5-40 所示为经过两次变形后的五角星对比效果。

下面简单介绍拉链变形效果属性栏中的常用选项的功能。

- "拉链失真振幅"文本框：输入一个幅度值以决定应用于选定对象的"拉链"变形的幅度。可输入 0 ～ 100 之间的值。输入的值越大，产生的拉链变形效果越明显。
- "拉链失真频率"文本框：输入一个频率值以决定应用于选定对象每一段上的拉链点数。可输入 0 ～ 100 之间的值。较大的值会产生较高的拉链频率，也就是毛刺增多。
- "随机变形"按钮：可以将选定对象的现有拉链变形随机化。
- "平滑变形"按钮：可以将选定对象的现有拉链变形点进行平滑处理，使过渡自然。
- "局部变形"按钮：可以用来突出选定对象某个特定区域内的拉链变形。单击此按钮，对比效果如图 5-41 所示。

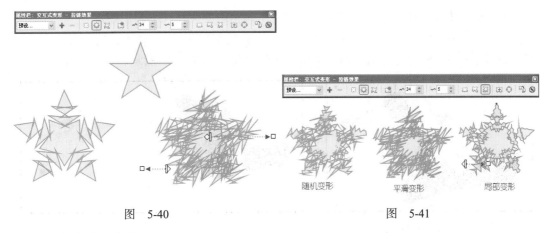

图 5-40   图 5-41

3. 扭曲变形效果

当用户在属性栏中单击"扭曲变形"按钮后，在对象上单击并拖动控制柄旋转时，可以形成扭曲效果。中心控制点离对象越远，对象的扭曲变形越明显。单击"扭曲变形"按钮，拖动显示扭曲变形控制线，所产生的效果类似于旋涡效果，如图 5-42 所示。

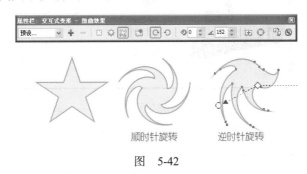

图 5-42

下面简单介绍扭曲变形效果属性栏中的常用选项功能。

- "顺时针旋转"按钮：单击该按钮可以按顺时针方向变形选定的对象。
- "逆时针旋转"按钮：单击该按钮可以按逆时针方向变形选定的对象。
- "完全旋转"数值框：所谓完全旋转，是指呈 360°旋转，该按钮右侧的数值是旋转的圈数。
- "附加角度"文本框：显示应用于选定对象的旋转附加角度数值，即超出水平线的角度。可在这个文本框中输入 0 ~ 359 之间的值以增加应用于这个对象的旋转量。这个控件提供了精细的旋转调整，并且可与"完全旋转"按钮一起使用。

5.3.4 阴影效果

在 CorelDRAW X6 中，用户可以为某一选定的图形对象添加投影来强化该图形对象的立体化效果。交互式阴影工具能够直接通过拖动来生成阴影效果。这种方法的优势在于操作的简便、快捷，以及生成效果的可视性等，缺点在于精度不高。

为对象添加投影的方法如下：

（1）打开矢量文件，如图 5-43 所示。

（2）激活挑选工具选定文本对象，再激活工具箱中的交互式阴影工具。

（3）单击该对象，按下鼠标左键并拖动（注意起点的位置），如图 5-44 所示，将会弹出阴影控制框架，然后拖动结束填充手柄将阴影定位，如图 5-45 所示。

图　5-43　　　　　　　　　　　　　　　　图　5-44

图　5-45

（4）拖动结束填充手柄到对象边框外，可看到阴影的轮廓。

（5）若要进一步调整阴影透明度，单击蓝色虚线上的白色滑快，向靠近对象中心点的方向拖动，将减小阴影的不透明程度；向远离对象中心点的位置拖动，将增大阴影的不透明程度。

1．使用"交互式阴影"属性栏

当使用交互式阴影工具为选定的对象添加了阴影效果后，使用鼠标只能够对阴影的某几个属性进行调整，例如，阴影的颜色、不透明度和方向等。但是，如果结合使用其属性栏就可以对阴影的所有属性进行精确控制。例如，精确调整阴影的羽化程度和不透明度，选择不同的阴影羽化方向和阴影边缘类型，以及指定阴影的投影角度等。当用户从工具箱中选择交互式阴影工具时，系统将自动弹出该属性栏，如图 5-46 所示。

图　5-46

"交互式阴影"属性栏中各功能介绍如下。

- "阴影预设类型"下拉列表框 预设... ：用于控制阴影的预设位置和形状，当选择不同的选项时，系统自动提供了阴影的方向、阴影的羽化值以及阴影的不透明度等预置的设置。

- "阴影偏移"数值框：在这些数值框中输入值，即可以沿着水平和垂直轴，并相对于选定对象的位置来定位阴影。
- "阴影角度"数值框：该数值框用于控制阴影与原来图形对象之间的夹角度数。
- "阴影的不透明"数值框：允许输入 0 ～ 100 之间的值，以定义选定对象的阴影不透明度。输入较小值时，产生的阴影的不透明程度较小，而输入较大值时，产生的阴影不透明程度就较大。
- "阴影羽化"数值框：允许输入 0 ～ 100 之间的值，以定义选定对象的阴影羽化属性。输入较小值时，创建的羽化效果比较细微，而输入较大值时创建羽化效果则较显著。
- "羽化方向"数值框：可以用于选择羽化选定对象阴影时的方向。可选择从阴影的边缘向内和向外羽化阴影，或者羽化时取两个方向的平均值，或者选择中间选项取两个方向的中间值来羽化等。
- "羽化边缘"按钮：可以选择为选定对象应用的边缘样式。CorelDRAW X6 中提供了"线性边缘"、"方形边缘"、"反白方形边缘"以及"平面边缘"4 个选项。
- "淡出"数值框：该数值框用于控制所添加阴影的淡化程度。
- "阴影延展"数值框：该数值框的作用与"阴影淡化"选项的作用相反，使用数字控制阴影的强化程度。
- "阴影颜色"色样框：该色样框用于显示当前阴影的颜色，单击右边的向下箭头，可以打开一个系统调色盘，从中可以为选定对象的阴影选择一种要使用的颜色。如果要进行精确设置，单击"其他"按钮，将打开"选择颜色"对话框，在该对话框可以使用数字来精确调配和选择颜色。
- "复制阴影属性"按钮：单击该按钮将复制当前选定的对象阴影属性，并且能够把该阴影设置应用于其他图形对象上。
- "清除投影"按钮：单击该按钮将清除添加到对象上的阴影效果。

2. 复制和仿制阴影

如果用户对对象添加的阴影效果感到满意，则可以充分利用 CorelDRAW X6 的效果复制和仿制功能。在许多情况下，这种复制阴影效果的方法能够使绘图具有统一的外观。"复制"命令能够在当前绘图窗口中快速地生成同一对象或者同一效果的多个副本。但是，当使用"复制"命令时，对象的副本与原对象之间完全断绝了链接关系，用户可以自由地对每一个对象或者效果的副本进行编辑；而使用"仿制"命令生成的对象副本与对象之间存在着动态链接关系，当用户试图更改对象的原件时，副本会随之发生变化。与复制的阴影不同，仿制的阴影不能编辑，但是会更新以反映对原始阴影所做的修改。复制阴影效果的方法如下：

（1）打开素材，如图 5-47 所示，将其中的对象制作阴影效果，注意调整属性栏参数。

（2）激活挑选工具，单击要复制阴影的对象（站立人物）。

（3）选择菜单"效果"→"复制（克隆）效果"→"阴影自"命令，或单击属性栏上的"复制阴影属性"按钮。

（4）移动鼠标指针到工作窗口中，此时指针将变成水平指针的箭头形状，将箭头指向要复制的阴影对象，即可产生如图 5-48 所示的效果。

<table>
<tr><td>图　5-47</td><td>图　5-48</td></tr>
</table>

3. 移除对象的阴影

如果不满意为对象添加的阴影效果，可激活挑选工具单击阴影，然后选择"效果"→"清除阴影"命令来将其移除或单击属性栏上的"清除投影"按钮⊗即可。

使阴影与对象分离的方法如下：

（1）激活挑选工具，单击对象的阴影部分，如图 5-49 所示，如果单击对象，则阴影部分不被选择。

（2）选择"排列"→"打散阴影群组"命令。

（3）单击并拖动阴影，效果如图 5-50 所示。

<table>
<tr><td>图　5-49</td><td>图　5-50</td></tr>
</table>

5.3.5　封套效果

使用"交互式封套"效果可以向对象（包括线条、美术字和段落文本框）提供封闭式外套，用以改变对象的外形。可以把封套看成是使图形对象或文本形成的容器，变化容器的形状，可以形成一些特殊的效果。

使用交互式封套工具应用封套效果的方法如下：

（1）打开矢量图形，如图 5-51 所示。

（2）激活交互式封套工具，然后调整节点的位置、方向，效果如图 5-52 所示。

（3）用户可以使用系统中提供的预设封套。利用交互式封套工具选择对象，然后在"预置"下拉列表框中选择一种预设封套应用于对象，如图 5-53 所示。

图 5-51　　　　　　　　　图 5-52　　　　　　　　　图 5-53

（4）用户也可以自定义封套，有如下 4 种方式：

- 单击"封套的直线模式"按钮▢时，可对水平方向上的节点做垂直方向移动或垂直方向上的节点做水平方向移动，从而改变封套的形状。
- 单击"封套的单弧模式"按钮▢时，可水平或垂直方向拖动节点，并且原来的直线变为曲线。
- 单击"封套的双弧模式"按钮▢时，可水平或垂直拖动节点，并在封套图形中添加一条双弧形曲线，可以有两个弯曲。
- 单击"封套非强制模式"按钮▨，使用这种模式可沿任意方向拖动封套节点，使封套具有任意形状。在这种模式下，节点可自由移动并带有控制点，可使用这些控制点精确调整封套。还可以同时选择多个节点，并将它们作为一个整体移动。用户可以像对待曲线对象那样灵活地操作它。

（5）调整封套，方法如下：

当需要调整封套形式时，还可以使用属性栏上的 ▦▦ 按钮执行添加节点、删除节点、变换节点类型等操作，或双击封套以添加节点，双击节点以将其删除。

将封套应用于带封套的对象，可以单击"添加新封套"按钮▨，然后拖动节点来改变封套形状。

当对于编辑的封套不满意时，可选择"效果"→"清除封套"命令，或可以单击"清除封套"按钮◉。

调整封套时一般通过调整一个或多个节点完成，具体操作如下。

- 一次移动几个封套节点：单击属性栏上的"封套的非强制模式"按钮，框选要移动的节点，然后将任何节点拖动到新位置。
- 圈选多个节点：在属性栏中，从"选择模式"下拉列表框中选择"矩形"选项，然后围绕要选择的节点进行拖动。
- 手绘框选多个节点：在属性栏中，从"选择模式"下拉列表框中选择"手绘"选项，然后围绕要选择的节点进行拖动。
- 将相对的节点沿相同方向移动相等距离：按 Ctrl 键，选择两个相对的节点，然后将它们拖动到新位置。
- 将相对的节点沿相反方向移动相等距离：单击属性栏上的"封套的单弧模式"或"封套的双弧模式"按钮，使其凸起，接着按 Shift 键，然后将其中一个节点拖动到新位置。
- 更改封套节点类型：单击属性栏上的"封套的非强制模式"按钮，使其下陷，然后单击"使节点成为尖突"、"平滑节点"或"生成对称节点"按钮。
- 将封套线段改为直线或曲线：单击属性栏上的"封套的非强制模式"按钮，使其下陷，接着单击线段，然后单击"将曲线转换为直线"按钮或"将直线转换为曲线"按钮即可。

5.3.6 立体化对象

在二维平面内通过创建深度视觉来赋予对象三维外观。在多数情况下，可以通过使对象的表面看起来向灭点消失的办法来实现深度视觉。应用立体化效果后，立体化表面与原始对象共同形成一个动态链接群组。

在 CorelDRAW X6 中，通过创建矢量立体模型，可以使对象具有三维效果。通过投射对象上的点并将它们连接起来以产生三维效果，从而创建矢量立体模型。CorelDRAW X6 系统为用户提供了两种立体化模式，一种是矢量立体化模式，另一种是位图立体化模式。矢量立体化模式（一点透视）是通过建立灭点的方式来实现的；而位图立体化模式是通过建立斜边角、点光源及旋转角度的方式来实现的，也就是说，位图立体化模式的对应边之间是平行关系。

1. 矢量立体化模式

在 CorelDRAW X6 中，针对不同类型的图形对象，提供了不同的立体化选项。默认时，自动选用矢量图形的立体化模式。该模式能够为图形添加立体化效果，并且允许从立体化模型、立体化深度、立体化方向、立体化光照强度和光照方向、立体化颜色等各方面对立体化效果进行编辑和修改。

为对象添加和编辑立体化效果的方法如下：

（1）打开"齿轮"文件，绘制小圆并放置在中心位置，效果如图 5-54 所示。框选两个圆并单击"修剪"按钮，效果如图 5-55 所示。

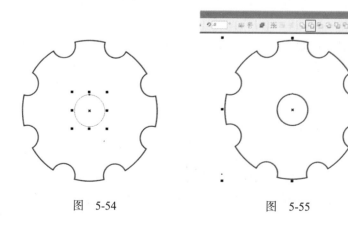

图　5-54　　　　　　　　　　　图　5-55

（2）激活渐变填充工具，设置如图 5-56 所示填充色，单击"确定"按钮，效果如图 5-57 所示，然后将其另存为"齿轮 -1"。

 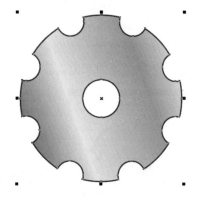

图 5-56 　　　　　　　　　　　　　　图 5-57

（3）激活交互式立体化工具。单击该图形并拖动鼠标指针，这时光标处出现一个"×"标志，代表的是灭点的位置，如图 5-58 所示。

注意　　拖动鼠标指针到相应的位置，此时可以观察到，灭点离对象越远，对象的表面趋于变细的程度越强。因此用户可以根据需要设置灭点的位置。

（4）在对象上双击，可以显示旋转标志，如图 5-59 所示，拖动对象可以在 3 个轴方向上旋转，旋转时改变灭点的位置，效果如图 5-60 所示。

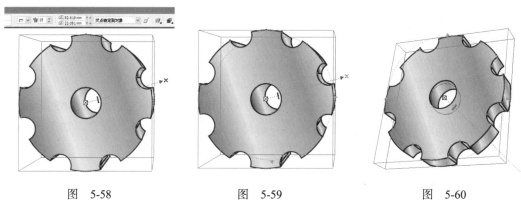

图 5-58 　　　　　　　　图 5-59 　　　　　　　　图 5-60

（5）同样可利用其属性栏来编辑立体化模型，如图 5 61 所示。用户可以在该属性栏的"预置"和"立体化类型"下拉列表框中选择一种立体化形式，系统也为用户提供了 6 种立体化类型。

（6）单击"立体的方向"按钮，可以显示 x、y、z 3 个旋转角度，如图 5-62 所示。用以设置对象在 3 个轴方向上的旋转角度，其角度是相对于原始对象的位置。

（7）单击"立体的颜色"按钮，可以打开"颜色"面板，如图 5-63 所示。该对话框中包括 3 个选项，当单击"使用对象填充"按钮时，将使用原始对象的填充颜色作为立体化阴影的颜色；当单击"使用纯色"按钮时，原始对象保持原填充，新产生的表面使用纯色；当单击"使用递减颜色填充"按钮■时，将沿立体化表面调和两种颜色，类似于直线渐变填充。

（8）单击"立体照明"按钮■，打开灯光设置框，如图 5-64 所示，可以为立体化效果设置 3 种灯光并调整各种灯光的亮度。当用户在属性栏上进行设置时，立体化模型随之发生变化，非常方便直观，特别是当选中"使用全色范围"复选框时，则当前立体对象在光源的照射下会显得更加和谐自然。

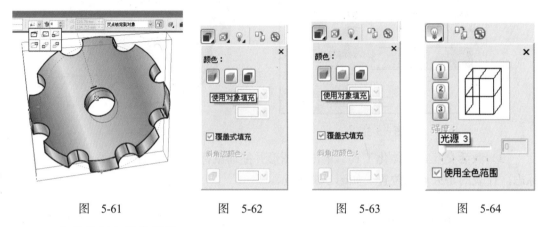

图 5-61   图 5-62   图 5-63   图 5-64

2. 立体化斜角修饰效果

斜角效果通过使对象的边缘倾斜（切除一角），将三维深度添加到图形或文本对象。通过使用旋转及灯光效果来创建出三维效果。斜角效果可能包含专色和印刷（CMYK）色，是打印的理想选择。

斜角样式可以从下列斜角样式中进行选择。

● 柔和边缘：创建某些区域显示为阴影的斜面。

● 浮雕：使对象有浮雕效果。

创建斜角效果的方法如下：

（1）打开"齿轮 -1"文件，激活立体化工具并将其生成立体效果，如图 5-65 所示。

（2）激活挑选工具，单击该齿轮图形。选择"效果"→"斜角"命令，如图 5-66 所示，在其"样式"下拉列表框中包含"柔和边缘"与"浮雕"两个选项。

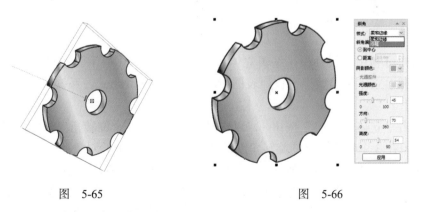

图 5-65   图 5-66

可启用下列"斜角偏移"选项之一。

● 到中心：可在对象中部创建斜面。

● 距离：可指定斜面的宽度。在"距离"数值框中输入一个值。

（3）改变"斜角"面板上的参数，单击"应用"按钮，效果如图 5-67 所示。

（4）去掉对象的轮廓线，改变"光源颜色"及其他参数，单击"应用"按钮，效果如图 5-68 所示。

　　　　图　5-67　　　　　　　　　　　　　　　　　图　5-68

5.4　案例解析

5.4.1　图形设计1

图形设计 1 的效果如图 5-69 所示。设计步骤如下：

图　5-69

（1）激活工具箱中的基本形状工具，如图 5-70 所示，在其相应属性栏中选择心形图形。

（2）按住鼠标左键，在画面中绘制一个心形图形，如图 5-71 所示。

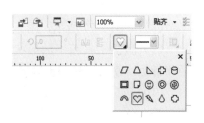

图　5-70

（3）单击属性栏中的"转换为曲线"按钮，然后激活工具箱中的形状工具，调整节点，如图 5-72 所示，使心形图形的线条更加饱满。

（4）激活工具箱中的贝塞尔工具，在心形图形右下角绘制如图 5-73 所示形态，并用形状工具调整，使其线条流畅。

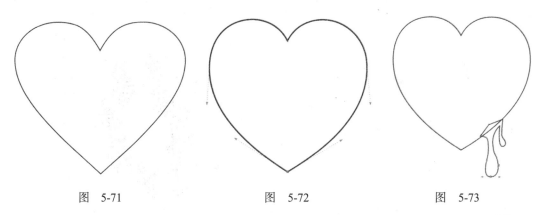

图 5-71　　　　　　　　　图 5-72　　　　　　　　　图 5-73

（5）将心形图形和新绘制的图形一同选取，然后单击属性栏中的"焊接"按钮 ，效果如图 5-74 所示。

（6）将心形图形填充为大红色，然后激活轮廓笔工具，选择无轮廓删除边线，效果如图 5-75 所示。

（7）激活工具箱中的文本工具，在画面中输入大写英文字母"PLAY FOR LOVE"，如图 5-76 所示，在其属性栏中选择合适字体（本案例字体为 CityDBol 字体）并调整相关参数。

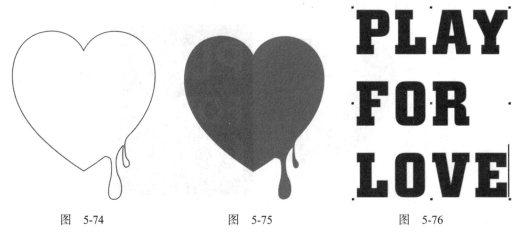

图 5-74　　　　　　　　　图 5-75　　　　　　　　　图 5-76

（8）如图 5-77 所示，用光标选取字母"FOR"，加大字号，使其宽度与上下字母相等。

（9）激活工具箱中的形状工具，如图 5-78 所示，分别调整左右下角两个按钮调整字距和行距，使文字排列更紧凑。

（10）如图 5-79 所示，将文字移动到心形图形的上面，调整大小并旋转一定角度，并填充为白色。

图　5-77　　　　　　　　　图　5-78　　　　　　　　　图　5-79

（11）将文字与心形图形组合，效果如图 5-80 所示。

（12）按住 Ctrl 键选择并复制心形，调整位置并缩小，如图 5-81 所示。

图　5-80　　　　　　　　　　　　　图　5-81

（13）激活工具箱中的文本工具，在画面中输入大写英文字母"PLAY FOR LOVE"，如图 5-82 所示，在其属性栏中选择合适字体（本案例字体为方正粗圆简体）并调整相关参数。

（14）将文字移动到心形图形上面，用光标选取字母"FOR"并改变颜色为白色，调整字号大小，效果如图 5-83 所示。

图　5-82　　　　　　　　　　　　　图　5-83

（15）激活工具箱中的贝塞尔工具，如图 5-84 所示，在字母"P"上绘制和"P"形态相符的线条并用形状工具调整形态，设置线条颜色为白色。

（16）用同样方法绘制其他字母的线条，效果如图 5-85 所示。

图 5-84　　　　　　　　　　　　　　图 5-85

（17）将所有绘制的线条一一选取，然后激活工具箱中的轮廓笔工具，如图 5-86 所示，在"轮廓笔"对话框中设置相应参数。

（18）单击"确定"按钮，设置轮廓笔后的线条效果如图 5-87 所示。

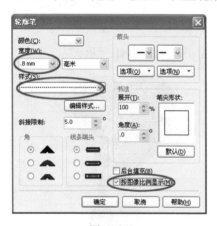

图 5-86　　　　　　　　　　　　　　图 5-87

（19）以文字和心形图形为设计基本元素，可以排列出其他的组合效果，最终效果如图 5-69 所示。

5.4.2　图形设计2

图形设计 2 的效果如图 5-88 所示。设计步骤如下：

图 5-88

（1）激活工具箱中的矩形工具，在画面中绘制一个如图 5-89 所示比例的矩形。

（2）激活形状工具，拖动顶角的节点，使尖角变为圆角，效果如图 5-90 所示。

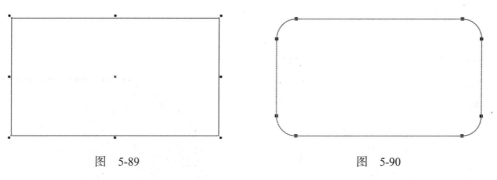

图　5-89　　　　　　　　　　　　　图　5-90

（3）激活渐变填充工具。在渐变填充对话框中设置如图 5-91 所示渐变色。

（4）单击"确定"按钮，渐变填充效果如图 5-92 所示。

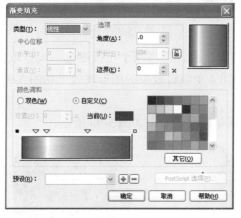

图　5-91　　　　　　　　　　　　　图　5-92

　　（5）激活工具箱中的椭圆形工具，按住 Ctrl 键在圆角矩形左上角绘制一个正圆图形，效果如图 5-93 所示。

　　（6）先选取正圆，然后按住 Shift 键单击圆角矩形（加选），激活工具箱中的渐变填充工具，直接单击"确定"按钮（目的是让正圆与圆角矩形的渐变填充效果一致），效果如图 5-94 所示。

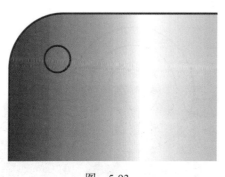

图　5-93　　　　　　　　　　　　　图　5-94

　　（7）只选取正圆图形，打开"渐变填充"对话框，如图 5-95 所示，将"类型"改为"圆锥"。

（8）单击"确定"按钮，则"圆锥"渐变填充效果如图 5-96 所示。

图　5-95　　　　　　　　　　　　　　　　图　5-96

（9）按住 Ctrl 键向下移动正圆图形并按鼠标右键复制，再将两个正圆图形一同选取，按住 Ctrl 键向右移动并按鼠标右键复制，这样就得到 4 个铜钉效果的图形，效果如图 5-97 所示。

（10）将所有图形一一选取，使用无轮廓工具删除边线，效果如图 5-98 所示。

图　5-97　　　　　　　　　　　　　　　　图　5-98

（11）在如图 5-99 所示的位置绘制一个正圆。

（12）按住 Shift 键拖动顶角的手柄向内收缩并按鼠标右键复制，再向内收缩并复制，得到两个大小不一的同心圆，效果如图 5-100 所示。

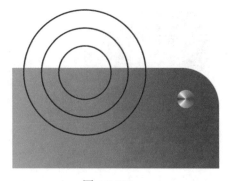

图　5-99　　　　　　　　　　　　　　　　图　5-100

（13）将 3 个同心圆一同选取，如图 5-101 所示，单击属性栏中的"结合"按钮。

（14）激活工具箱中的渐变填充工具，在"渐变填充"对话框中设置如图 5-102 所示的渐变参数。

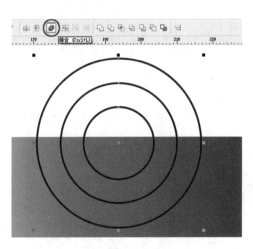

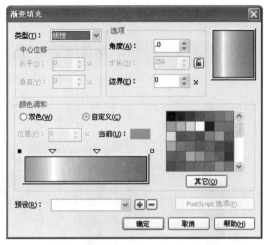

图　5-101

图　5-102

（15）单击"确定"按钮，填充渐变后的效果如图 5-103 所示。

（16）将圆环图形复制几个，置于如图 5-104 所示位置并调整大小。

图　5-103

图　5-104

（17）按照刚才制作圆环的方法，再制作两种不同形状的圆环图形，如图 5-105 所示。

（18）复制圆环图形，调整大小与位置，效果如图 5-106 所示。

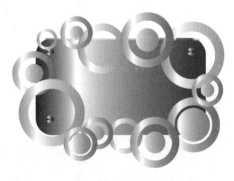

图　5-105

图　5-106

（19）选取圆角矩形，按住 Shift 键加选 4 个铜钉图形，单击属性栏中的"到图层前面"按钮，效果如图 5-107 所示。

（20）选取圆角矩形图形，激活工具箱中的交互式阴影工具，如图 5-108 所示，在图形上向右下角拖曳出阴影效果。

（21）如图 5-109 所示，调整属性栏中的"不透明度"和"羽化"值，效果如图 5-110 所示。

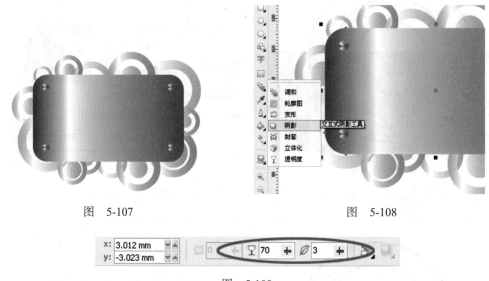

图　5-107　　　　　　　　　　　　图　5-108

图　5-109

（22）选取所有圆环图形，单击属性栏中的"群组"按钮，用同样方法为圆环制作阴影效果，如图 5-111 所示。

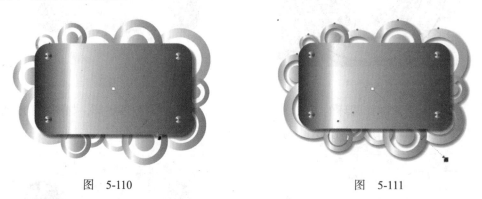

图　5-110　　　　　　　　　　　　图　5-111

（23）激活工具箱中的文本工具，如图 5-112 所示，在铜牌上面输入文字"No・8"，并调整字体和大小。

（24）将文字填充为灰色，复制两个，一个填充为黑色，一个填充为白色，效果如图 5-113 所示。

（25）将黑色文字移动到灰色文字的左上角，白色文字移动到灰色文字的右下角，将灰色文字安置在最上层，效果如图 5-114 所示。

图　5-112　　　　　　　　　　　图　5-113

（26）先选取灰色文字，按住 Shift 键加选黑色文字，单击属性栏中的"修剪"按钮，同样方法用灰色文字再修剪白色文字（为便于观察修剪效果，可暂时将灰色文字删除，再按 Ctrl+Z 快捷键恢复），如图 5-115 所示。

图　5-114　　　　　　　　　　　图　5-115

（27）选取灰色文字并填充为黑色，选择"效果"→"透镜"命令，如图 5-116 所示，在"透镜"面板中选择"透明度"选项，并将透明度设置为 90，效果如图 5-117 所示。

图　5-116

图　5-117

（28）立体铜牌效果制作完成，最终效果如图 5-88 所示。也可设置一个暗色的底色进行烘托，图形效果会更好。

思考与练习

1．熟练掌握图形、图案创意的表现形式。

2．熟练掌握交互式调和工具的使用方法。

3．临摹如图 5-118 所示的作品。

图　5-118

Chapter

06

广 告 设 计

本章内容

6.1 广告概述

广告是一种信息传递的艺术。它是通过一定的媒体向人群传达某一种信息，以达到一定目的的信息传播活动。广告设计主要包括广告的策划、广告创意、广告方案、广告媒体的选择和广告制作的技巧。

6.1.1 广告的功能与要素

1. 广告的功能

广告的功能是传播某种社会信息或商品的信息，加速流通、指导消费、有利竞争。广告设计要注意其倡导作用，注意广告内容的思想性，要有正确的观念和优良的民族传统，具有健康的格调，并具有高尚的审美情趣。

2. 广告的要素

广告非形象化成分：广告的文字部分包括标题、口号和正文，即广告的固定成分。标题作为最吸引人的部分，占据广告的核心地位，它是广告中最重要的部分。它具有十分强烈的吸引力和选择力。从阅读的角度讲，标题传达了广告的内容，让消费者明确广告的目的。口号在广告中往往是固定使用、重复使用的宣传语，一般是用最为简练、最易记忆的语言把商品的广告主题清楚地表达出来。口号多半是从标语中演化出来的，起到唤起消费者和读者的亲切感的作用。广告正文基本上是标语的发挥和解释，其目的是驱使消费者走向广告宣传的目标，借助有趣味的和建议性的文字内容来引起读者的兴趣，为读者提供令人信服的情报信息，促使其接受并去喜爱广告中的商品形象，如图 6-1 所示。

广告形象化成分：主要指广告中的可视图形图像的形象，包括摄影和绘画两个部分。摄影是广告中最为形象化的主要因素，具有真实、生动、优美、新颖、

图　6-1

可信的特征，其树立的商品可信性，形象传递商品信息，增强了广告的宣传力、号召力和感染力，吸引读者的注意和兴趣。摄影广告，由于具有十分强烈的写实能力，能准确、真实地再现物象外部的结构、质感、色彩及瞬间的动势感受，所以其在广告设计中应用得最为广泛，其表现力尤显丰富。它可以进行巧妙的构思，可调动各种造型手段，运用各种表现形式和手法对物象进行对比、烘托、渲染、寓意等，把思想概念形象化，富有感情色彩和艺术魅力。绘画在广告中具有最稳定的特性，自广告诞生之日起，绘画的表现就一直伴

随着广告艺术而发展到今天。绘画广告更加自由，感染力更加强烈。绘画首先在艺术构思方面十分自由灵活，各种构思方法均可运用，浪漫性的、抽象的、简约的、夸张的、虚拟的，这是绘图广告构思的长处。在表现手法上，绘画更具有自己的特色，各种绘画形式都是可采用的表现手法。如中国画、油画、水彩、水粉、版画、卡通漫画等。各类绘画形式可根据广告构思的需要灵活地运用，以体现出不同精神内涵和广告的信息传递作用。绘画由于更具有艺术品质的内涵，所以比一般的摄影更具吸引力。摄影往往以真实的场景和物象来吸引人，但从更深层次的心理和文化因素来讲，绘画的表现更高一筹，更具有独立的艺术欣赏性和艺术价值，如图 6-2 所示。

图　6-2

广告色彩部分：主要指色彩在广告运用上表现出本身的特质，即色彩三要素，分别是色彩的明度、纯度和色相。几乎所有的广告设计都具有色彩的成分要素。色彩在视觉传达中占有可视的第一作用，当一眼看到某个广告时，首先是被其色彩要素所吸引的。色彩传达出商品的第一信息，因此，历来的各类广告设计都在色彩的运用上挖空心思，使出高招，以传达出特别的信息。色彩的象征性、情感性的魅力，是色彩在广告中运用成功与否的关键。不同的创意，要展现出不同色彩的魅力，体现出不同文化内涵和商品特性，如图 6-3 和图 6-4 所示为不同的色彩所体现出的不同广告效果。

图　6-3

图　6-4

广告中的各种要素在广告画面中是相互影响和联系的。非形象化的因素和形象化的因素及色彩因素都是联系在一起的。文字要配合图形，色彩要体现形象，一切为主题服务，这就是广告要素之间最适当的关系。

6.1.2 广告设计的艺术构思

1. 广告的策划研究

任何艺术创作都需要基本的素材和了解读者对象，广告设计也不例外，它是建立在可靠的消费者行为、市场调研和产品分析的基础之上的。离开了对市场和商品、消费者的研究及了解，广告设计艺术将是一座建立在空中的楼阁。必要的市场调查、消费者心理研究，对设计人员能更加贴切地传达广告中的信息是大有益处的。有的放矢地进行画面规划，突出特点，合理的制作思路，准确的市场定位，都是取得最大社会效益和经济效益的必要手段。

- 消费者行为研究：指消费者购买和使用等的所有行为。消费者直接关系到商品的销售经济效益。消费者行为与自身的内在因素有关，这种因素可能通过广告宣传而受到不同程度的激发。
- 产品分析研究：产品分析是从市场经营角度对所做广告中的商品进行全面的分析，找出它比竞争对象具有怎样的优点或吸引消费者的要素。
- 市场调研与预测分析：主要指对于消费者、经销者、竞争者三方面的调研。首先要搞清楚商品的消费对象在哪里，需要什么样的商品，需要量有多大，何时购买，如何购买使用等。

2. 广告设计的构思方式与表现

广告设计的构思方式是设计者通过对商品及事物具体形象的感受和认识，在作品孕育过程中所进行的思维活动。包括确定主题、提炼题材、考虑画面结构、运用最恰当的表现形式等，是一个复杂的思维过程。

构思首先是从对商品本身及作用等方面的反复了解和观察分析开始的，通过商品的某些特点形态、时态，设计者会领悟出某种意义的观念和商品美的本质所在，进而激发出创作欲望。其后，设计者要不断地把这个正在构思的形象逐步明确化和具体起来，力求包容广告内涵，进一步加工成具体的艺术形象。这时的形象应该更加具有鲜明的个性，更加典型，更具有推销商品的观念。这是一个反复探索、精益求精的过程。作者在构思过程中要经常以不断的想象和情感来对设计过程进行调节和渗透，推动构思，使艺术形象的创造趋于完美，最终实现广告设计构思全过程的完成，如图 6-5 所示。

图 6-5

6.2 CorelDRAW X6 对象的组合与调整

本章主要介绍在 CorelDRAW X6 中如何合理组合对象与调整对象。这些对象通常包括基本线条形状、常用几何图形、段落文本或者美术文本对象、三维对象以及位图、Internet 对象等。

在 CorelDRAW X6 中，组合对象包括了许多方面的内容，用户常见的是把多个图形对象组合在一起，使它们具有某一共同的属性，或者能够同步进行某种变换等。组合对象的方法包括群组与解除群组，合并与分离对象等基本操作；还包括一些特殊的处理对象工具，例如，相交、修剪、焊接等。合理地运用这些工具，能够为绘图工作提供很大的方便。

调整对象可以结合鼠标、属性栏、变换工具栏等共同完成。但无论使用哪一种方法，都可以进行如精确位移、旋转与倾斜、比例放大与镜像等操作。由于绘图软件以及计算机本身的局限性，不可能提供所有各种形状的绘制工具，而使用各种变换功能则能够使有限的基本形状具备无限扩展的功能。

此外，当使用多个对象进行工作时，尤其是在同一绘图窗口的同一区域中绘制了多个图形对象时，每一个图形对象的放置位置都会直接影响到最终图形的外观，所以 CorelDRAW X6 提供了多种排列顺序来排列这些图形对象。

6.2.1 组合对象

当在同一个图层中绘制了许多图形时，将它们一起进行变换操作比较困难，特别是当它们可能分布在屏幕的不可见区域中，使用挑选工具进行选取时，常常要拖着滚动条四处寻找，针对这种情况，和以前版本一样，CorelDRAW X6 中提供了强大的组合对象的功能。

1. 群组、取消群组和取消所有群组

在 CorelDRAW X6 中，菜单"排列"中的 3 个命令"群组"、"取消群组"和"取消所有群组"是最为常用的组合多个对象的命令。其中，"群组"命令能够把多个对象以一种简单的、机械的形式组合在一起，从而使它们能够被当作一个整体来处理，并且当使用"群组"命令时，群组对象中对象的个体之间能够保持原来的连接和空间关系。如果想分离一个群组，可以使用"取消群组"命令来完成，如果要取消当前群组对象中的所有群组，则可以使用"取消所有群组"命令。

● 群组对象

"群组"命令允许使用多个对象来创建一个整体。一旦把多个对象放在了同一群组中，就可以把它们当作一个整体来应用某种操作或者特殊效果，但群组中的每个对象始终保持其原始属性。在需要防止对相关对象的意外更改时，"群组"命令最为有效。

群组对象的操作方法如下：

（1）激活工具箱中的挑选工具，然后选择全部或一部分对象。如要选择全部对象，使用挑选工具拖出矩形框，或者按下 Shift 键分别单击各个对象，或者选择"编辑"→"全选"→"对象"命令即可。

（2）选择"排列"→"群组"命令，可以把选定的对象组合在同一组中，默认时，群组对象会自动处于选定状态中，在各对象的边缘上显示 8 个缩放控制柄。

当选定了多个对象后，CorelDRAW X6 会自动弹出多个对象的属性栏，单击该属性栏上的"群组"按钮也可以群组多个对象，如图 6-6 所示。

图　6-6

CorelDRAW X6 还允许使用"群组"命令来创建一个嵌套的群组，即能够把某一群组对象与其他多个对象共同组合成新的群组对象。其方法是：使用挑选工具选择两个或更多的群组（允许一个群组同多个单独对象），然后选择"排列"→"群组"命令。这样所形成的一个群组是由两个或多个嵌套群组构成的。要使用"群组"命令，还可以在选定了多个对象后，右击绘图窗口，从其弹出的快捷菜单中选择"群组"命令，"群组"命令的快捷键是 Ctrl+G。

● 选择群组中的对象

在 CorelDRAW X6 中，允许对群组中的个别对象或者某几个对象单独进行编辑，这样就不必为了对个别对象进行更改而取消全部群组了。但是，在对个别对象进行编辑之前，必须首先从群组对象中选定要编辑的一个或者几个对象，CorelDRAW X6 同样为进行这类操作提供了方便快捷的途径。

选择群组中的个别对象的方法如下：

（1）通常情况下激活挑选工具，按住 Ctrl 键，然后单击要选择的对象，被选择的对象四周会出现 8 个圆点（通常选择对象时，对象四周会出现 8 个矩形点）。

（2）如果要选择嵌套群组中的对象，按住 Ctrl 键，然后使用挑选工具单击要选择的对象。如果对象是嵌套群组中的一部分，则整个群组被选定，并被一个选择框所环绕；然后按住 Ctrl 键继续单击要选择的对象，即可完成选择。

● 取消群组对象

取消群组能够把一个群组拆分为其原来的基本组件对象，如果有嵌套群组（群组中还有群组），就需要将取消群组的过程重复执行直至达到所需的群组层次。在 CorelDRAW X6 中，取消群组的操作主要是通过"取消群组"命令来进行的，此外，如果有嵌套群组，并且只进行一次操作就解除所有的群组对象（包括嵌套群组）的群组状态，就可以使用"取消全部群组"命令来进行。

● 将对象添加到群组中

将对象添加到群组中的方法如下：

（1）选择"工具"→"对象编辑器"命令，弹出"对象管理器"泊坞窗，打开素材文件，如图 6-7 所示。

（2）将两条曲线全选并选择"群组"命令，此时在"对象管理器"泊坞窗中，对象的位置不同，如图 6-8 所示。

图 6-7   图 6-8

- 从群组中移除对象

从群组中移除对象的方法如下：

（1）单击"泊坞窗"右上角的侧三角按钮，在弹出的菜单中选择"新建图层"命令，新建"图层2"。

（2）将群组对象拖到"图层2"中即可完成移除对象，但效果不发生变化，如图6-9所示。

- 取消群组对象

取消群组对象的方法如下：

（1）选择一个或多个群组。

（2）单击"排列"按钮，然后选择下列命令之一。

图 6-9

- 取消群组：将群组对象拆分为单个对象，或者将嵌套群组拆分为多个群组。
- 取消所有群组：将群组对象拆分为单个对象，包括嵌套群组中的对象。

2．结合与分离对象

在CorelDRAW X6中，使用"群组"命令能够把多个对象组织起来，使它们成为一个统一的整体并能够统一地应用某些命令。使用"群组"命令的优点是群组后的各个对象仍然会保持原来的属性，例如，填充颜色、轮廓线条粗细，以及各个对象的相对位置关系等。但是在其他绘图工作的场合下，"群组"命令仍然受到许多限制，例如，不能够生成新的形状，如果原来对象之间存在相互重叠的区域，则上边的对象会完全遮挡下面的对象等。

CorelDRAW X6中的"结合"命令能够把选定的多个对象紧密地结合在一起，即组合两个或多个对象可以创建具有常用填充和轮廓属性的单个对象。

可以组合的对象包括矩形、椭圆、多边形、星形、螺纹、图形或文本。CorelDRAW X6可将这些对象转换为单个曲线对象。如果需要修改从单独对象组合而成的对象的属性，则可以拆分组合的对象。

"结合"命令能够进一步融合原来对象的轮廓线条而生成新的轮廓线。新生成的形状还能够具有自己独立的填充和轮廓属性。

此外，如果要进行"结合"的各个原始对象是相互重叠的，那么使用了"结合"命令后的重叠区域被移除，能够直接看到其下面的东西；如果对象不重叠，则它们将成为单个对象的一部分，但仍会保持其空间上的分离。

● 结合对象

在 CorelDRAW X6 中，"结合"命令可以把两个或多个对象创建成一个新的对象。在任何情况下，使用"结合"命令生成的对象都是一条曲线，可以像对 CorelDRAW X6 中任何其他曲线一样对它进行处理。

结合多个对象的方法如下：

（1）激活工具箱中的基本绘图工具依次绘制出几个图形。

（2）为了方便观察产生的效果，可以将图形填充不同颜色，如图 6-10 所示。

（3）激活挑选工具，按住 Shift 键，然后从左至右依次单击 4 个图形对象（最后选择蓝色对象）。

（4）选择"排列"→"结合"命令。这时可以看到合并后的对象成为一个新的对象，并且颜色都变成了最后被选择的一个几何体的颜色（蓝色），效果如图 6-11 所示。

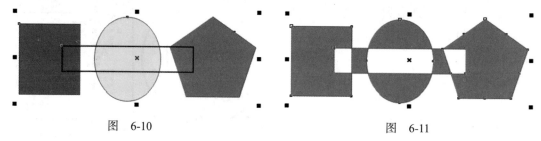

图　6-10　　　　　　　　　　　　　　　　图　6-11

因此必须明白运用"结合"命令产生新对象的颜色，是由最后选取对象的颜色来决定的，而且重叠区域将被移除。

在 CorelDRAW X6 中，当使用"结合"命令合并多个有重叠区域的图形对象时，空白只在相邻的两个图形对象之间形成。

通过上述实例可以看出，合并后的各个对象仍有其外形和属性，但已被融合为一个整体，不能再对单个的对象进行移动、着色、效果处理等操作；由于合并后的对象是一个独立体，所以只能有一种填充颜色和轮廓线，在所有的被合并对象中，都是由最后选取的那个对象决定合并后的填充颜色。值得注意的是，在矩形、椭圆形、多边形、星形、螺纹、图形或文本上使用"结合"命令，CorelDRAW X6 在把它们转换为单个的曲线对象前会自动先将其转换为曲线。但当文本与其他文本组合时，文本对象被转换为更大的文本块而不是曲线。如果想用"结合"命令来改变艺术字对象的形状，可以先把美术文字转换为一个曲线对象，但是 CorelDRAW X6 不允许把段落文本转换为曲线。

● 分离组合后的对象

大家时常会遇到这样一种情况：已经将一些对象运用"结合"命令组合成一个独立的整体，但是对组合后的图形并不是十分满意，这时就需要将组合的对象拆分。

"排列"→"打散曲线"（通称"拆分"）命令的作用与"结合"命令完全相反。它主要用来分离使用"结合"命令组合到一起的对象。一旦将对象拆分，就可以更改其任意单个对象的特征和属性。对对象使用"结合"命令后，再用"拆分"命令来拆分对象，会发现拆分出来的对象都是曲线；然而如果合并的是文本，拆分出来的文本对象不再具有文本特性，它也是一条曲线，再也不能把它当作文本进行编辑了，因此应谨慎使用"拆分"与"结合"命令。

当对文本使用"结合"命令时，只是将该段文字拆分成单个文字。如果要对圆或矩形及单个文字进行变形时，只需选择"排列"→"转换为曲线"命令即可。

3. 特殊的组合对象命令——造形

在 CorelDRAW X6 中，还提供了一些特殊的组合对象的命令，例如，"焊接"、"修剪"和"相交"等。它们主要位于菜单"排列"→"造形"子菜单中，使用这些命令，能够通过把两个或者多个对象的重叠区域相交、相减等方法得到一些特殊的形状。

下面主要介绍常用的"焊接"、"修剪"和"相交"命令的作用。

当同时选择了多个图形对象后，将弹出"多个对象"属性栏，如图 6-12 所示，在该属性栏中以工具按钮的形式提供了快速命令按钮，如"焊接"按钮、"修剪"按钮、"相交"按钮和"简化"按钮。

图　6-12

在 CorelDRAW X6 中，当使用"焊接"、"修剪"、"相交"命令中任一命令时就会出现如图 6-13 所示面板（该面板由"窗口"→"泊坞窗"→"造形"命令打开）。该面板中提供了更多、更为精确的选项来控制"焊接"、"修剪"、"相交"命令的实现方式。

● 焊接

"焊接（合并）"命令允许把两个或多个对象组成一个单独的对象。如果合并重叠的对象，这些对象将连接起来创建一个只有单一轮廓的对象。如果合并不重叠的对象，则形成一个"结合群组"，它也像一个单一对象起作用。在这两种情况中，对象都将采用目标对象（将选定对象接合到的对象）的填充和轮廓属性。

创建"焊接"对象的方法如下：

（1）新建文件并绘制椭圆形和矩形，调整各自的位置，效果如图 6-14 所示。

（2）激活挑选工具，单击椭圆形对象，然后单击"焊接到"按钮，并移动鼠标指针到要焊接的目标对象（矩形）上单击。这样把两个对象焊接为一个新对象，效果如图 6-15 所示。

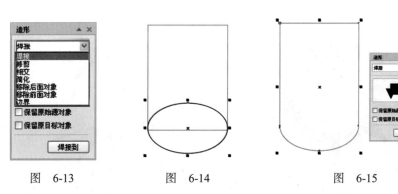

图　6-13　　　　　　图　6-14　　　　　　图　6-15

（3）从中可以观察到，焊接后的对象颜色是由目标对象决定的。因此，如果对象已经填充颜色，则结合后将使用目标对象的填充颜色和轮廓属性。

（4）如果想在焊接之后保留目标对象（把选定对象焊接到的那个对象）的副本，可在"造形"面板中选中"保留原目标对象"复选框；如果想在焊接之后保留选定对象的副本，可在"造形"面板中选中"保留原始源对象"复选框。

注意　　　"结合"命令能够从两个或多个对象创建单个曲线对象。如果要焊接的对象有相互重叠的区域，则结果是只有一个轮廓的单个对象；如果对象没有重叠，则形成一个焊接群组，其中的对象看起来是彼此分离的，但被当作一个对象来处理。

● 修剪

"修剪"命令通过移除重叠其他对象（或被重叠）的区域来改变对象的形状。所修剪的对象，即"目标对象"将保留其填充和轮廓属性，同时允许自由地选择修剪过程中所使用的目标对象以及源对象。当选择不同的目标对象与源对象时，得到的最终图形效果也略有不同。几乎所有用 CorelDRAW X6 创建的对象，包括克隆、不同图层上的对象以及带有交叉线的单个对象都可以使用"修剪"命令。但不能修剪段落文本、尺度线条或克隆的主对象。

创建"修剪"对象的方法如下：

（1）绘制如图 6-16 所示的两个叠加的图形，然后选择"圆"。

（2）打开"修剪"泊坞窗，然后选择"修剪"命令，效果如图 6-17 所示。

图　6-16　　　　　　　　　　图　6-17

（3）激活立体化、灯光、旋转等工具可以实现如图 6-18 和图 6-19 所示效果。

图　6-18　　　　　　　　　　图　6-19

注意 CorelDRAW X6 允许以不同的方式修剪对象。可以将前面的对象用作来源对象来修剪它后面的对象，也可以用后面的对象来修剪前面的对象。还可以移除重叠对象的隐藏区域，以便绘图中只保留可见区域。将矢量图形转换为位图时，移除隐藏区域可减小文件大小。

修剪对象前，必须决定要修剪哪一个对象（目标对象）以及用哪一个对象执行修剪（源对象）。

- 相交

"相交"命令利用两个或多个重叠对象的公共区域来创建新对象。新建对象的大小和形状就是重叠区域的大小和形状。新建对象的填充和轮廓属性取决于定义为"目标对象"的那个对象。

在使用"相交"命令创建新对象时，允许自由地选择是保留原始对象的全部、只保留一部分还是不进行保留。不论选取何种设置，新建对象都使用"目标对象"（即与选定对象交叉的那个对象）的填充和轮廓属性。

创建相交对象的操作方法同上，如图 6-20 和图 6-21 所示即为从重叠的两张图到执行"相交"命令后的效果。

图 6-20

图 6-21

4. 锁定对象

在进行多个对象操作时需要对不同的对象进行不同的操作，有的对象需要进行排列、组合或者进行其他的编辑修改，但有的对象已经完成了修改，不需要再对它进行改动了。这些不需要改动的对象一旦被改动，会给工作带来许多麻烦。

为此，CorelDRAW X6 中提供了锁定对象的功能，允许利用锁定对象的特性来固定对象，并且可以根据需要来选择锁定单个对象或者锁定多个对象，甚至群组后的对象也能够被锁定。这样可以防止在操作过程中该对象被意外地修改。当用户进行完其他对象的编辑和修改后，可以用"解除锁定"命令来使这些对象从锁定状态下解脱出来，从而能够重新使用该对象并进行更改。

在使用"锁定对象"命令时应注意以下问题：

（1）"锁定对象"命令能够把选定的对象固定到一个特定的位置上，从而保护对象的属性不被更改。当对象被锁定到画面以后，就无法对其进行移动、大小调整、变换、复制、填充和修改等操作。

（2）"锁定对象"命令对处于工作状态的对象不能使用，如嵌合于某个路径的文本和对象、含立体模型的对象、含轮廓线效果的对象以及含阴影效果的对象等。当对象处于以上几种状态时，即使选中了对象，"锁定对象"命令将仍以灰色显示，表明该命令在当前状态下不能够被执行。当对象被锁定时，属性栏上将显示相应的信息。此外，状态栏和对象管理器中也将同时标出锁定的对象信息。

要锁定对象，首先激活挑选工具并单击对象，然后选择"排列"→"锁定对象"命令即可。如果想要解除锁定的对象，同样激活挑选工具并单击以选定锁定的对象，然后选择"排列"→"对象解锁"命令，就可以将该对象从"锁定"状态下解脱出来。如果当前画面上同时有多个处于锁定状态的对象，则选择"排列"→"全部对象解锁"命令，可以同时对所有锁定状态的对象解锁。

对象被锁定后，选择柄将显示为小锁的形状，同时选择多个锁定的对象，是解除锁定对象以便进行修改的最快捷途径。使用挑选工具单击对象并按下 Alt 键，可以选择隐藏在其他对象下面的锁定对象；单击的同时按下 Shift 键可以选择附加的对象。在 CorelDRAW X6 中，不能同时选择未锁定的对象和锁定的对象。

5. 安排对象的次序

在 CorelDRAW X6 中，当使用基本绘图工具绘制图形对象时，得到的图形是按不同的图层放置的。在不同图层放置的对象在显示如填充颜色、对象轮廓等属性时会各有不同。在一个当前页上绘制了许多图形，如果这些对象相互独立，没有重叠的区域，排列的前后顺序不同，效果就不会有大的差别；如果出于设计的需要而将它们相互重叠地排列在一起时，如何安排这些对象的相对位置就显得十分重要；因为同样的几个图形，排列的前后顺序不同，可能产生的视觉效果也不同。

一般情况下，图形对象排列顺序是由绘制顺序决定的。绘制第一个对象时，CorelDRAW X6 会自动将它放置在最后面的位置，即第一层；绘制的最后一个对象将被放在最前面的位置，即最后一层（层的顺序类似 Photoshop 中层的概念）。如图 6-22 所示，同样两个图形对象，当排列顺序不同时，在视觉效果上也会有明显差异。

图 6-22

在 CorelDRAW X6 中，如图 6-23 所示，菜单"排列"→"顺序"中的相关命令能够帮助用户改变图层内对象的顺序。

图　6-23

（1）"到页面前面"和"到图层前面"

将选定对象移动到该页面或图层的最前面位置，其他图形依次后移一层。当选定的对象已经位于最顶层时，该命令不会对图形产生任何影响。快捷键：Corel+Home/Shift+PageUp。

（2）"到页面后面"和"到图层后面"

将选定对象移动到该页面或图层的最后面，其他图形依次前移一层。当选定的对象已经位于最底层时，该命令不会对图形产生任何影响。快捷键：Corel+End/Shift+PageDown。

（3）向前一层

将选定对象向前移动一层，和原来位于它前面的对象进行相互换位。如果该对象已经排在最顶层的位置，将不再移动。快捷键：Ctrl+PageUp。

（4）向后一层

将选定对象向后移动一层，和原来位于它后面的对象进行相互换位。如果该对象已经处于最底层的位置，将不再移动。快捷键：Ctrl+PageDown。

（5）"置于此对象前"和"置于此对象后"

在同一图层中有许多对象时，这两个命令可以方便地将选定的对象准确地放置到想要放置的位置。如果有多个重叠的对象，可以使用"在后面"命令把最顶层的对象放到某个对象的后面。要恢复原来的顺序，应使用"在前面"命令把该对象放回顶部。

（6）逆序

适用于多个对象的排序操作。可以选择多个对象并使用"逆序"命令来反转它们的相刈垂直位置。如果有 8 个重叠的对象，想要逆序排列第 5、6、7 个对象，就可以选择这 3 个对象，并使用"逆序"命令，使这 3 个对象按照 7、6、5 的顺序排列。

6．对象的分布与对齐

当工作页面中有很多不同的对象时，画面会显得杂乱无章，可以使用"对齐和分布"命令来指定是否要按边界或中心点来水平或垂直（或同时）地排列对象。

● 对齐对象

在 CorelDRAW X6 中，"对齐"命令可以方便地对齐对象，尤其是用户将"对齐"命令与网格、辅助线协同使用时，更能体现出该命令的优越性：对象以相当精确的对齐方式被定位到网格、辅助线和其他对象上。要按指定的位置对齐对象，在选定了多个对象后，选择"排列"→"对齐和分布"命令，如图 6-24 所示，子菜单中包含许多命令。

各命令介绍如下。

- "左对齐"命令：对齐选定对象的左边。
- "右对齐"命令：对齐选定对象的右边。
- "顶端对齐"命令：对齐选定对象的顶边。
- "底端对齐"命令：对齐选定对象的底边。
- "水平居中对齐"命令：水平居中对齐选定的对象。
- "垂直居中对齐"命令：垂直居中对齐选定的对象。
- "在页面居中"命令：根据不同的设置，在工作页面的中心位置对齐选定的对象。
- "在页面水平居中"命令：根据不同的设置，在工作页面的水平位置对齐选定的对象。
- "在页面垂直居中"命令：根据不同的设置，在工作页面的垂直位置对齐选定的对象。

- 对齐和分布

如果选择"对齐和分布"命令，则弹出如图 6-25 所示面板。根据选择的对象要求设置不同的"对齐"、"分布"选项。在 CorelDRAW X6 中对该面板改进很大，变得更加直观方便。

图　6-24

图　6-25

6.2.2　变换对象

在 CorelDRAW X6 中，一些基本操作，如位移、缩放、旋转、镜像等统称为"变换"操作。用户可以通过"排列"菜单中的"变换"命令来进行，也可以通过相应的属性栏来进行，还可以直接使用鼠标来进行变换操作。此外，"变换"面板中提供了许多精确变换的选项，而工具箱中的自由变换工具则提供了一些特殊的变换方法。

1．"变换"面板概述

CorelDRAW X6 中还提供了进行对象变换的另一种操作方法——使用"变换"面板，

可由菜单命令"排列"→"变换"打开。利用该面板及其组件，用户可以在带有屏幕预览的情况下进行对象的精确变换。如图 6-26 所示，从左到右依次为"位置"、"旋转"、"比例缩放和镜像"、"大小"和"倾斜"按钮。

● "位置"按钮

（1）x 数值框

该数值框用于精确控制当前选定对象的横坐标的位置。其取值范围在 −45720 ～ 45720mm 之间。该距离的测量同样是以 CorelDRAW X6 的绘图页的中心点位置为基准的。

（2）y 数值框

该数值框用于精确控制当前选定对象的纵坐标的位置，其取值范围也在 −45720 ～ 45720mm 之间。其度量方法与 x 数值框相同。

（3）"相对位置"复选框

默认时启用该复选框，所有的位置选项都以绘图页的中心点位置为基准。

（4）"应用"按钮

单击该按钮将把在"位置"中所做的设置应用于选定的对象上。

● "旋转"按钮

（1）"旋转"命令主要用来精确控制旋转选项。当在"变换"面板中单击"旋转"按钮时，面板如图 6-27 所示。该面板中提供了精确控制对象旋转的选项，除"角度"项外，其他各项与"位置"中相同。

图　6-26　　　　　　　　　　　　　图　6-27

（2）"角度"数值框：该数值框用于控制当前选定对象的旋转角度。其取值范围在 −360 ～ 360 之间。取负值时，将沿顺时针方向以指定的角度值旋转对象；取正值时，沿逆时针方向以指定角度值旋转对象。

● "比例缩放和镜像"按钮

在"变换"面板中，"比例缩放和镜像"命令主要用于精确控制对当前选定对象的缩放和镜像操作，如图 6-28 所示。可以从以下几个方面来实现精确按钮缩放和镜像操作。

（1）x 数值框：该数值框用于设置沿水平方向缩放的比例。

（2）y 数值框：该数值框用于设置沿垂直方向缩放的比例。

（3）"水平镜像"按钮：单击该按钮可以沿垂直方向的轴线来翻转对象。

（4）"垂直镜像"按钮：单击该按钮可以沿水平方向的轴线来翻转对象。

- "大小"按钮 📧

在"变换"面板中，"大小"命令主要用于控制当前选定的对象的大小，如图 6-29 所示。它包括以下两个选项。

（1）x 数值框：该数值框用于设置当前选定对象的宽度。

（2）y 数值框：该数值框用于设置当前选定对象的高度。

- "倾斜"按钮 📧

在"变换"面板中，"变换"命令主要用于控制当前选定的对象的倾斜角度，如图 6-30 所示。它包括以下两个选项。

（1）x 数值框：该数值框用于控制水平倾斜的角度。

（2）y 数值框：该数值框用于控制垂直倾斜的角度。

图 6-28　　　　　　　　图 6-29　　　　　　　　图 6-30

2. 撤销变换

有时在执行了"变换"命令之后，对该命令产生的图形效果并不满意，那么可以运用"撤销变换"命令使该操作恢复到没有执行"变换"命令以前的状态。如果对该对象执行某个变换命令后产生的效果并不是很有把握，CorelDRAW X6 还提供了一种既能够查看变换的效果，又能够保留完整原件的方法。

"撤销变换"命令适用于用户使用不同方法执行"变换"命令产生的效果，包括鼠标、属性栏、"变换"工具栏或"变换"面板等进行的变换。其局限性在于 CorelDRAW X6 虽然能够撤销对对象所做的大部分变换指令，如镜像、倾斜、旋转等，但不能撤销对对象位置的改变。要撤销变换操作的效果，可以在对选定的对象应用了变换操作以后，选择"编辑"菜单中的"恢复"命令，或者选择"排列"菜单下的"清除变换"命令，也可以利用标准工具栏中的"恢复"按钮来实现撤销变换操作。

6.3　案例解析

6.3.1　广告设计

本书中将要制作的广告设计效果如图 6-31 所示。设计步骤如下：

图　6-31

（1）激活工具箱中的矩形工具，为画面添加一个与画面尺寸相等的矩形图形，如图 6-32 所示。

（2）激活工具箱中的渐变填充工具，在其对话框中设置如图 6-33 所示的渐变参数。

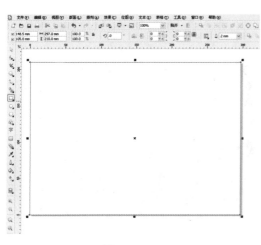

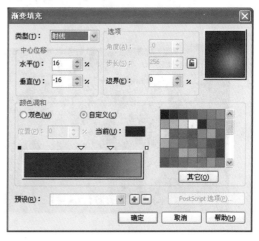

图　6-32　　　　　　　　　　　　　　　　　　　图　6-33

（3）单击"确定"按钮，则填充渐变后的效果如图 6-34 所示。

（4）激活工具箱中的椭圆形工具，按住 Ctrl 键在如图 6-35 所示位置绘制一个正圆。

图　6-34　　　　　　　　　　　　　　　　　　　图　6-35

（5）激活工具箱中的渐变填充工具，在其对话框中设置如图 6-36 所示的渐变参数。

（6）单击"确定"按钮，则填充渐变后的效果如图 6-37 所示。

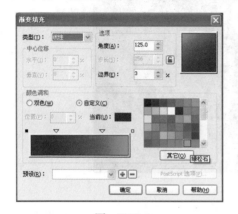

图 6-36   图 6-37

（7）复制 3 个正圆图形，分别置于如图 6-38 所示位置。

（8）将 4 个正圆图形全选，单击属性栏中的"焊接"按钮 ，效果如图 6-39 所示。

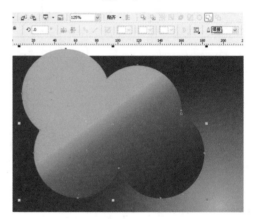

图 6-38   图 6-39

（9）在如图 6-40 所示位置绘制另一个正圆图形。

（10）激活工具箱中的渐变填充工具，在其对话框中设置如图 6-41 所示的渐变参数。

图 6-40   图 6-41

（11）单击"确定"按钮，则填充渐变后的效果如图 6-42 所示。

（12）选取正圆图形，按住 Shift 键，拖动边角的手柄向内收缩一定距离并按鼠标右键将其复制，效果如图 6-43 所示。

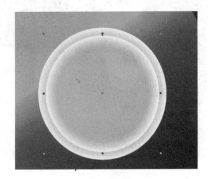

图 6-42　　　　　　　　　　　　　　　图 6-43

（13）按 Ctrl+D 快捷键再复制两个正圆图形，效果如图 6-44 所示。

（14）选取中心部分最小的那个正圆图形，按图 6-45 所示改变渐变设置。

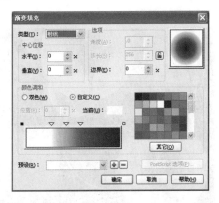

图 6-44　　　　　　　　　　　　　　　图 6-45

（15）单击"确定"按钮，则填充渐变后的效果如图 6-46 所示。

（16）复制 3 个小圆图形分别置于如图 6-47 所示的不同位置并调整大小和前后顺序。

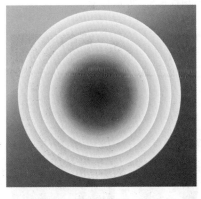
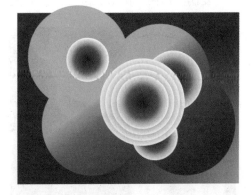

图 6-46　　　　　　　　　　　　　　　图 6-47

（17）将 4 个同心圆一同选取，单击属性栏中的"群组"按钮，复制两组，分别置

157

于如图 6-48 所示的不同位置并调整大小和前后顺序。

（18）在如图 6-49 所示的位置绘制两个正圆图形，分别设置轮廓线为白色和黑色。

<table>
<tr><td>图　6-48</td><td>图　6-49</td></tr>
</table>

（19）复制白色边线的圆，调整位置，效果如图 6-50 所示。

（20）激活工具箱中的轮廓笔工具，如图 6-51 所示，设置"样式"为虚线参数。

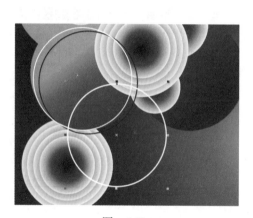
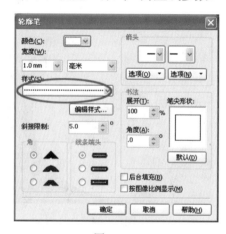

<table>
<tr><td>图　6-50</td><td>图　6-51</td></tr>
</table>

（21）单击"确定"按钮，则设置轮廓线后的图形效果如图 6-52 所示。

（22）复制黑白两个圆形轮廓图形并放大，置于如图 6-53 所示位置。

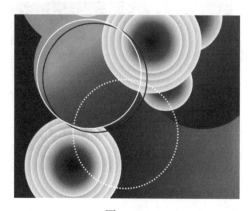
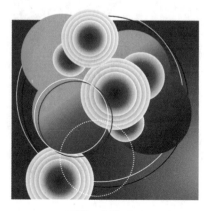

<table>
<tr><td>图　6-52</td><td>图　6-53</td></tr>
</table>

（23）激活工具箱中的矩形工具，在如图 6-54 所示的相应位置绘制矩形图形并填充为白色。

（24）选择"效果"→"透镜"命令，设置如图 6-55 所示的透明度参数。

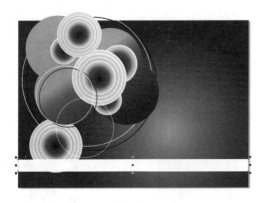

图　6-54　　　　　　　　　　　　　图　6-55

（25）启动 Photoshop 软件，打开"可乐瓶"点阵图像，如图 6-56 所示。

（26）在"图层"面板中，如图 6-57 所示，复制"背景"层为"背景副本"，然后删除背景图层。

（27）激活工具箱中的魔术棒工具，在其相应属性栏中设置"容差"为 10，如图 6-58 所示，选取白色部分。

图　6-56　　　　　　　图　6-57　　　　　　　图　6-58

（28）选择"选择"→"修改"→"扩展"命令，如图 6-59 所示，将扩展数值设置为 1。

（29）扩大选区的目的是为了将来删除白色部分后瓶子边缘不留白边，如图 6-60 所示，选区边缘压住了瓶子轮廓。

（30）删除选区内的白色底色并存储文件（由于现在的图像有了图层，存储为 PSD 文件格式，不要合并图层），如图 6-61 所示。

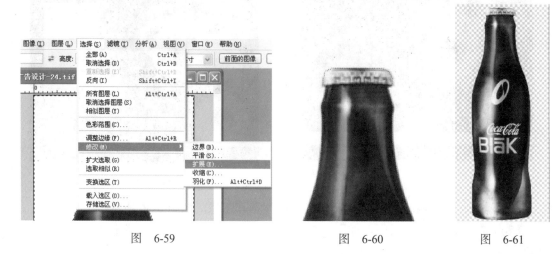

图　6-59　　　　　　　　　　图　6-60　　　　　　图　6-61

（31）切换回 CorelDRAW X6 界面，单击属性栏中的"导入"按钮，导入"可乐瓶"点阵图像并置于如图 6-62 所示相应位置，调整大小。

（32）激活工具箱中的形状工具，如图 6-63 所示，选取图像下面的两个节点，按住 Ctrl 键向上拖曳至底色边缘位置。

图　6-62　　　　　　　　　　　图　6-63

（33）激活工具箱中的阴影工具，在图片上拖曳出阴影效果，如图 6-64 所示。

（34）选择"排列"→"打散阴影群组"命令，或单击属性栏中的"拆分"按钮，将瓶体和阴影拆分开，如图 6-65 所示。

图 6-64   图 6-65

（35）选取阴影图形，用形状工具调整底边，效果如图 6-66 所示。

（36）单击属性栏中的"导入"按钮，导入如图 6-67 所示的可口可乐标准字体的点阵图形。

图 6-66   图 6-67

（37）选择属性栏中的"描摹位图"选项，如图 6-68 所示，选择"轮廓描摹"→"徽标"命令。

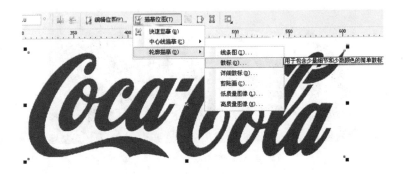

图 6-68

（38）如图 6-69 所示，观察"描摹位图"预览效果并调整相应数值。

图 6-69

（39）单击"确定"按钮，描摹好的矢量字体中有一些多余的色块（白色部分），选择并将其删除，效果如图 6-70 所示。

图 6-70

（40）修改好的矢量标准字形效果如图 6-71 所示。

图 6-71

（41）选择字体并将其填充为白色，效果如图 6-72 所示。

图 6-72

（42）调整字体大小及位置，效果如图 6-73 所示。

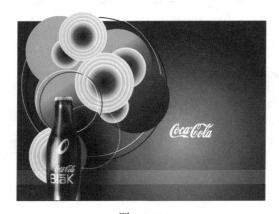

图 6-73

（43）激活工具箱中的文本工具，如图 6-74 所示，在画面中输入英文"Blak"。

BlaK

图 6-74

（44）将文字曲线化后，单击属性栏中的"拆分"按钮，使每个字母独立存在，选取字母"a"，如图 6-75 所示。

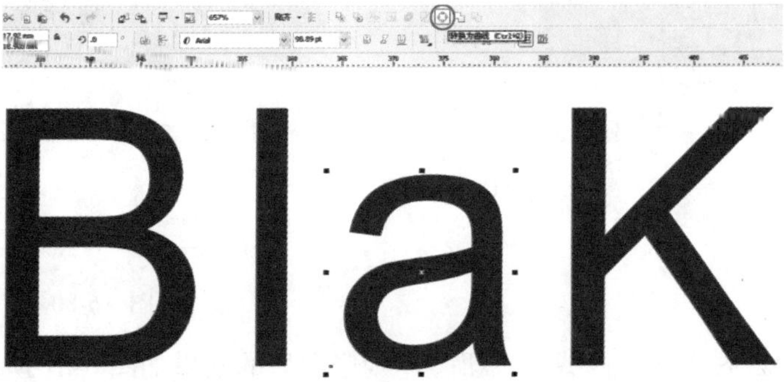

BlaK

图 6-75

（45）激活工具箱中的形状工具，调整节点，将字母形态改变为如图 6-76 所示形态。

（46）如图 6-77 所示，在字母"a"上面绘制一个矩形图形，调整好几个字母的位置并群组。

　图　6-76　　　　　　　　　　　图　6-77

（47）将文字置于如图 6-78 所示位置并填充为淡黄色。

图　6-78

（48）导入"花卉图形"矢量文件，调整大小并旋转一定角度，放置在如图 6-79 所示位置。

（49）如图 6-80 所示，在画面底部绘制一个矩形图形，按住 Shift 键加选花卉图形。

　图　6-79　　　　　　　　　　　图　6-80

（50）单击属性栏中的"修剪"按钮，则修剪后的效果如图 6-81 所示。

（51）用同样方法修剪右边，效果如图 6-82 所示。

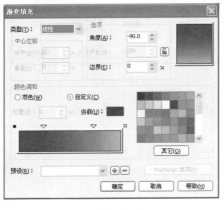

图　6-81

图　6-82

（52）选择花卉，激活渐变填充工具，设置如图 6-83 所示参数。

（53）单击"确定"按钮，则填充渐变后的效果如图 6-84 所示。

图　6-83

图　6-84

（54）广告设计制作完成，最终效果如图 6-31 所示。

6.3.2　招贴设计

本节将要制作的招贴设计效果如图 6-85 所示。设计步骤如下：

图　6-85

（1）激活工具箱中的贝塞尔工具，在画面中绘制模特简笔头像，然后用形状工具调整线条使其圆滑流畅，绘制好后选取所有线条并群组，效果如图 6-86 所示。

（2）激活工具箱中的轮廓笔工具，按图 6-87 所示设置参数。

图　6-86

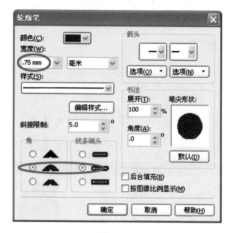

图　6-87

（3）使用贝塞尔工具绘制一些如图 6-88 所示的不规则图形（头发装饰）（注意每一个图形都必须是封闭的路径）。

（4）随意选择几个不规则图形，激活工具箱中的底纹填充工具，在"底纹填充"对话框中选择"样本 6"中的"棉花糖"底纹，并设置"天空"色为蓝色，"云"为白色，效果如图 6-89 所示。

（5）依次随意选择几个不规则图形，填充底纹，改变"天空"色为淡粉色，效果如图 6-90 所示。

图　6-88

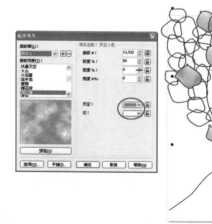

图　6-89

（6）再随意选择几个不规则图形，填充底纹，改变"天空"色为深蓝色，效果如图 6-91 所示。

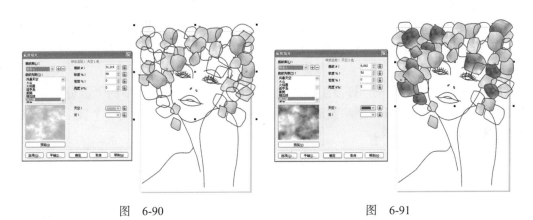

<table>
<tr><td>图　6-90</td><td>图　6-91</td></tr>
</table>

（7）选取剩下的几个不规则图形，填充底纹，改变"天空"色为深紫色，效果如图 6-92 所示。

（8）选取所有不规则图形，删除轮廓线后并群组，效果如图 6-93 所示。

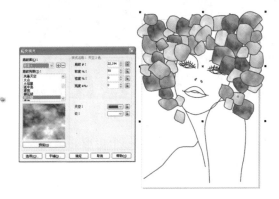

图　6-92　　　　　　　　　　　　　　　　图　6-93

（9）双击工具箱中的矩形工具，为画面添加一个与画面尺寸相等的矩形，填充颜色为灰蓝色 C:60、M:40、Y:0、K:40，效果如图 6-94 所示。

（10）激活工具箱中的椭圆形工具，按住 Ctrl 键在脸部绘制一个正圆并填充黑色（临时用色），效果如图 6-95 所示。

图　6-94　　　　　　　　　　　　　　　　图　6-95

Chapter 01　Chapter 02　Chapter 03　Chapter 04　Chapter 05　Chapter 06　Chapter 08

（11）激活工具箱中的阴影工具，在圆形图形上面拖曳出阴影效果，改变属性栏中的"羽化"值，将"阴影颜色"设置为白色，"阴影度操作"设置为"正常"，效果如图6-96所示。

（12）选择"排列"→"打散阴影群组"命令，或单击属性栏中的"拆分"按钮，将圆形图形和阴影拆分开，删除圆形图形只保留阴影部分，然后复制一个置于右脸位置，效果如图6-97所示。

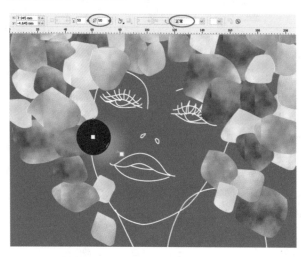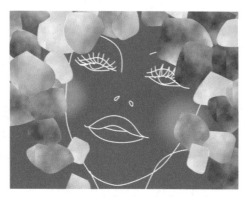

图 6-96　　　　　　　　　　图 6-97

（13）激活工具箱中的矩形工具，在如图6-98所示的位置绘制一个矩形并填充为黑色。

（14）选择"效果"→"透镜"命令，按图6-99所示设置透明度。

（15）单击属性栏中的"导入"按钮，导入如图6-100所示的"时尚中国"点阵图像。

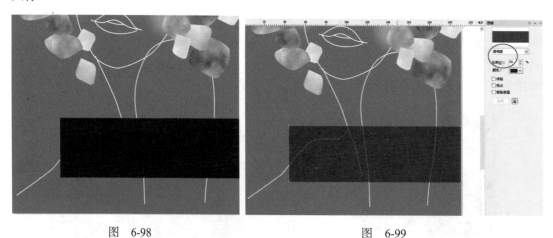

图 6-98　　　　　　　　　　图 6-99

（16）如图6-101所示，选择属性栏中的"描摹位图"选项，在其弹出的下拉菜单中选择"轮廓描摹"→"徽标"命令。

（17）如图6-102所示，观察描摹位图预览效果并调整相应数值。

图 6-100　　　　　　　　　　　图 6-101

图 6-102

（18）单击"确定"按钮，此时描摹好的矢量字体中有一些多余的色块（白色部分），选择并删除这些色块，如图 6-103 所示。

图 6-103

（19）选择字体，填充白色后将文字置于如图 6-104 所示位置。

图 6-104

（20）激活工具箱中的文本工具，在如图 6-105 所示的相应位置输入文字，设置字体并调整大小。

图 6-105

（21）选取输入的文字，设置如图 6-106 所示的轮廓笔参数。

（22）单击"确定"按钮，则设置轮廓笔后的效果如图 6-107 所示。

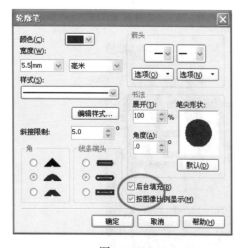

图 6-106

图 6-107

（23）下面主要是裁图。在画面顶部绘制一个矩形图形，按住 Shift 键加选头发装饰部分的不规则图形（之前已经群组），如图 6-108 所示。

（24）单击属性栏中的"修剪"按钮，修剪后的效果如图 6-109 所示。

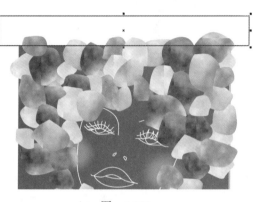

图　6-108　　　　　　　　　　图　6-109

（25）用同样方法再修剪其他两边，效果如图 6-110 所示。

（26）显示完整画面，招贴设计制作完成，最终效果如图 6-85 所示。

图　6-110

思考与练习

1．正确理解广告设计的艺术构思对于广告设计的重要性。

2．熟练掌握"焊接"、"修剪"、"相交" 3 个命令的使用方法。

3．正确理解对象管理器的作用。

4．临摹如图 6-111 所示的作品。

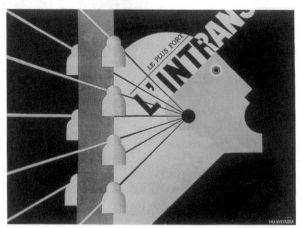

图　6-111

Chapter 07

版 式 设 计

本章内容

　　版式设计即在有限的版面空间里，将版面构成要素——文字字体、图片图形、线条线框和颜色色块诸因素，根据特定内容的需要进行组合排列，并运用造型要素及形式原理，把构思与计划以视觉形式表达出来，也就是寻求艺术手段来正确地表现版面信息，是一种直觉性、创造性的活动，是制造和建立有序版面的理想方式。

　　版式设计是平面设计中最具代表性的一大分支，不仅在二维的平面上发挥其功用，而且在三维的立体空间中也能体现其效果，如包装设计中的各个特定的平面，展示空间的各种识别标识之组合，以及都市商业区中悬挂的标语、霓虹灯等。

　　版式设计是平面设计中重要的组成部分，也是一切视觉传达艺术施展的大舞台。版式设计是伴随着现代科学技术和经济的飞速发展而兴起的，并体现着文化传统、审美观念和时代精神风貌，被广泛地应用于报纸广告、招贴、书刊、包装装潢、直邮广告（DM）、企业形象（CI）和网页等所有平面、影像的领域，为体现新的思想和文化观念提供了广阔天地，版式设计艺术已成为人们理解时代和认同社会的重要媒介。如图 7-1 和图 7-2 所示即为两种版式设计效果。

图　7-1

图　7-2

7.1　版式设计形式

　　计算机排版离不开艺术表现，美的形式原理是规范形式美感的基本法则。它是通过重复与交错、节奏与韵律、对称与均衡、对比与调和、比例与适度、变异与秩序、虚实与留白、变化与统一等形式美构成法则来规划版面，把抽象美的观点及内涵诉诸读者，并从中获得美的感受，它们之间是相辅相成、互为因果的，既对立又统一地共存于一个版面之中。

1. 重复与交错

　　在排版设计中，不断重复使用的基本形或线，它们的形状、大小、方向都是相同的。重复使设计产生安定、整齐、规律的统一。但重复构成的视觉感受有时容易显得呆板、平淡、缺乏趣味性的变化，因此，在版面中可安排一些交错与重叠，打破版面呆板、平淡的格局，如图 7-3 所示。

图　7-3

2. 节奏与韵律

节奏与韵律来自于音乐概念，正如歌德所言："美丽属于韵律。"韵律被现代排版设计所吸收。节奏是按照一定的条理、秩序，重复连续地排列，形成一种律动形式。有等距离的连续，也有渐变、大小、长短、明暗、形状、高低等的排列构成。在节奏中注入美的因素和情感个性化，就有了韵律，韵律好比是音乐中的旋律，不但有节奏更有情调，还能增强版面的感染力，开阔艺术的表现力。如图 7-4 所示即为一组设计效果。

图　7-4

3. 对称与均衡

两个同一形的并列与均齐，实际上就是最简单的对称形式。对称是同等同量的平衡。对称的形式有以中轴线为轴心的左右对称；以水平线为基准的上下对称和以对称点为源的放射对称；还有以对称面出发的反转形式。均衡是一种自由稳定的结构形式，一个画面的均衡是指画面的上与下、左与右取得面积、色彩、重量等量上的大体平衡。在画面上，对称与均衡产生的视觉效果是不同的，前者端庄静穆，有统一感、格律感，但如过分均等就易显得呆板；后者生动活泼，有运动感，但有时因变化过强而易失衡。因此，在设计中要注意把对称、均衡两种形式有机地结合起来灵活运用，如图 7-5 和图 7-6 所示。

图　7-5

图　7-6

4. 对比与调和

对比是差异性的强调，对比的因素存在于相同或相异的性质之间。也就是把相对的两要素互相比较之下，产生大小、明暗、黑白、强弱、粗细、疏密、高低、远近、硬软、直曲、浓淡、动静、锐钝、轻重的对比，对比的最基本要素是显示主从关系和统一变化的效果。

调和是指适合、舒适、安定、统一，是近似性的强调，使两者或两者以上的要素相互具有共性。对比与调和是相辅相成的。在版面构成中，一般事例版面宜调和，局部版面宜对比，如图 7-7 所示。

图　7-7

5. 比例与适度

比例是形的整体与部分以及部分与部分之间数量的一种比率，又是一种用几何语言和等比词汇表现现代生活和现代科学技术的抽象艺术形式。成功的排版设计，首先取决于良好的比例，如等差数列、等比数列、黄金比等。通过黄金比能实现最大限度的和谐，使版面被分割的不同部分产生相互联系。

适度是版面的整体与局部与人的生理或习性的某些特定标准之间的大小关系，也就是排版要从视觉上适合读者的视觉心理。有比例且适度的画面，通常显得秩序且明朗，给人一种清新、自然的新感觉，如图 7-8 所示。

图　7-8

6. 变异与秩序

变异是规律的突破，是一种在整体效果中的局部突变。这一突变之处，往往就是整个版面最具动感、最引人关注的焦点，也是其含义延伸或转折的始端，变异的形式有规律地转移和规律地变异，可依据大小、方向、形状的不同来构成变异效果。

秩序美是排版设计的灵魂：它是一种组织美的编排，能体现版面的科学性和条理性。由于版面是由文字、图形、线条等组成，尤其要求版面具有清晰明了的视觉秩序美。构成秩序美的原理有对称、均衡、比例、韵律、多样统一等。在秩序美中融入变异之构成，可使版面获得一种活动的效果，如图 7-9 所示。

7. 虚实与留白

中国传统美学上有"计白守黑"这一说法。就是指编排的内容是"黑"，也就是实体，而虚实的地方、空白的地方是实的"白"，也可为细弱的文字、图形或色彩，这要根据内容而定的。

留白则是版面中未放置任何图文的空间，这是"虚"的特殊表现手法。其形式、大小、比例决定着版面的质量。留白给人的感觉是轻松，最大的作用是引人注意。在排版设计中，巧妙地留白，讲究空白之美，是为了更好地衬托主题，集中视线和造成版面的空间层次，如图 7-10 所示。

图 7-9　　　　　　　　　　　　　　图 7-10

8. 变化与统一

变化与统一是形式美的总法则，是对立统一规律在版面构成上的应用。两者完美结合，是版面构成最根本的要求，也是艺术表现力的因素之一。变化是一种智慧、想象的表现，是强调各种因素中的差异性方面，造成视觉上的跳跃。

统一是强调物质和形式中各种因素的一致性方面，最能使版面达到统一的方法是保持版面的构成要素要少一些，而组合的形式却要丰富一些。统一的手法可借助均衡、调和、秩序等形式法则。变化与统一在作品中的体现分别如图 7-11 和图 7-12 所示。

图　7-11

图　7-12·

7.2 CorelDRAW X6 中的文本处理

CorelDRAW X6 虽然是一款处理矢量图形的软件，但其处理文本的能力也非常强大，特别是对于没有专业设备（Apple 机）进行文本处理（印刷、制版）的用户，CorelDRAW X6 将是非常优秀的软件。用户可以在 CorelDRAW X6 中添加文本和符号、格式化文本、编辑文本、应用文本工具创建文本，生成具有一定排版效果的文字。

7.2.1 添加文本

在 CorelDRAW X6 中，创建的文本被分为两种，分别是美术字（艺术字）文本和段落文本。这两种文本有各自的应用特点。段落文本是一段区域的，可进行大量格式编排的大型文本。若打算在文档中添加文字比较多的文本，如报纸、广告、图文混排等，可使用段落文本；美术字文本可以使得文档更具有生动性和创造性。如果只打算在文档中增加几行文字或短语，如标题、设计说明等，则可以使用美术字文本。相对而言，美术字文本可以添加更多的效果，因为美术字文本可以像所有的图形对象一样应用特殊效果。

1. 使用文本工具添加段落文本

段落文本比较简单，具有人们所熟悉的文字处理软件中普通段落的各种特征。特别是使用过 Word 等文字处理软件的用户，用文本工具操作段落文本会更加得心应手。

使用文本工具添加段落文本的方法如下：

（1）激活工具箱中的文本工具。这时鼠标指针变成"十"字下面有一个"A"字的形状。

（2）移动鼠标指针到画面恰当的位置上单击并拖动鼠标，随着鼠标的拖动，会出现一个虚框，通常叫做段落文本框。此时光标会位于文本框的左上角，这是 CorelDRAW X6 默认的情况，如图 7-13 所示。

（3）CorelDRAW X6 在中文 Windows 系统下支持中文输入。用户可以启动自己熟练的输入法，在段落文本框中输入文字。当输入的文字超过文本框的宽度时，文本会自动转换到下一行。

（4）当输入的文本数量超过文本框时，在文本框的下方显示了一个放置过多文本的溢出符号▼，该符号表明文本框中还有没有显示完的文字，用户只需用鼠标按住溢出符号▼拖动至文本框底端的符号变为▯即可。如图 7-14 所示为对比效果。

2. 使用文本工具添加美术字文本

在 CorelDRAW X6 中，美术字文本虽然称为文本，但可以把它当作图形对象来处理。可以对美术字文本应用几乎全部的图形效果，如调和、立体化等，使之更加美观。添加美术字文本的操作比较简单，在工具箱中选择文本工具，然后移动鼠标，在画面的合适位置上单击，这时出现插入点光标，选择一种输入法输入文本即可，效果如图 7-15 所示。

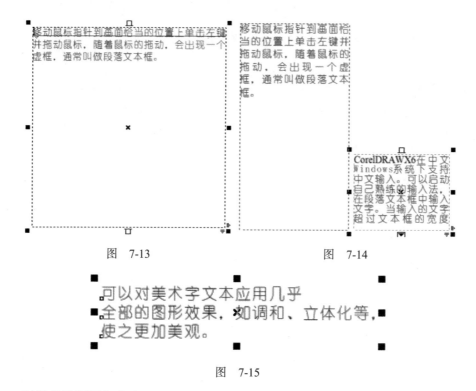

图 7-13   图 7-14

图 7-15

3. 利用剪贴板添加文字

使用文本工具可以直接添加文本，也可以通过剪贴板把外部的文本添加进来。例如，用户已经在其他的字处理软件中录入了一段文字，可以通过剪贴板的复制和粘贴功能，将该文本添加到 CorelDRAW X6 中来。使用剪贴板可以共享资源，减少重复劳动。

使用剪贴板加入外部文本的操作步骤如下：

（1）启动字处理软件，打开需要添加文本的文件。

（2）选择要添加到 CorelDRAW X6 中的文本，然后单击"复制"或"剪切"快捷按钮，将文本复制或粘贴到剪贴板上。

（3）返回 CorelDRAW X6 工作窗口，激活工具箱中的文本工具。

（4）移动鼠标指针到画面中，单击出现插入符后，单击"粘贴"快捷按钮，以添加美术字文本；拖动一个段落文本框后单击"粘贴"快捷按钮，以添加段落文本，从而将剪贴板上的文本添加到 CorelDRAW X6 的文档中来。

7.2.2 选择文本的方式

对文本进行格式化之前，首先要选择该文本，然后根据不同的需要选用不同的工具。使用文本工具可以选择单个或多个字符，也可以选择整个文本对象；使用选择工具一般情况下用于选择整个文本或多个对象；使用形状工具可选择单个字符。

1. 选择全部文本对象

（1）最常用的文本工具

利用文本工具选择特定的文本（非全部文本）时，可以先激活工具箱中的文本工具，在美术字文本或段落文本框中，单击一个字或句子的起始或结尾处，在要选择的文本上拖动鼠标指针，这时被选择的文本会反相显示。也可以使用文本工具选择整个文本，其方法是用文本工具单击文本对象后，再单击文本对象中心的 X 标记。

（2）灵活的选择工具

选择整个文本是选择工具的特长。激活选择工具，单击美术字文本中的任意字符即可选择整个美术字文本。利用选择工具选择段落文本时，单击段落文本框内任意位置或文本框本身即可选择文本框及其内容。利用选择工具还可以同时选择多个文本对象，只需按住 Shift 键，依次单击每个对象即可，利用选择工具拖出矩形虚线框，框选多个文本框也能同时选择多个文本对象。

2. 选择文本中的单个字符

CorelDRAW X6 在文本处理方面最有特色的一点是可以对单个字符进行操作（例如，移动位置、调节字距、行距等）。可以将需要运用特殊效果的某个或某几个字选中，然后对这些选中的字符进行编辑，且不影响其他编辑。

使用形状工具可以非常方便地选择文本中的单个字符。在使用形状工具选择文本时，每个字符的旁边都出现字符节点（空心小矩形）。单击字符左边的节点就可以选择该字符（空心小矩形变成实心）。同样，使用形状工具也可以选择多个字符，方法也是按住 Shift 键，然后单击要选择的每个字符的节点或框选字符节点，如图 7-16 所示。对于已输入的文本，可以修改其现有的文本格式，如图 7-17 所示，调整左右下角的按钮（➡与⬌），可以改变行距和字距，达到格式化文本的目的。

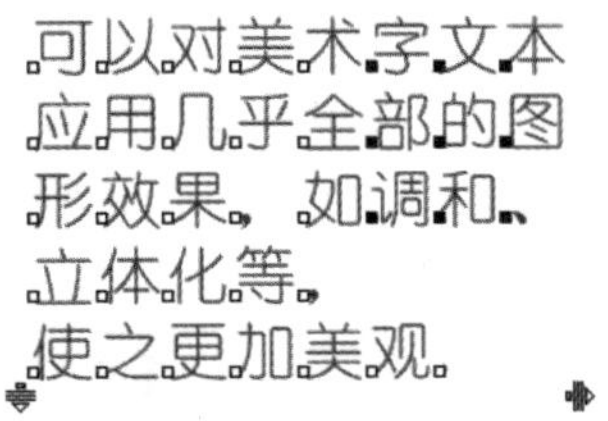

图 7-16

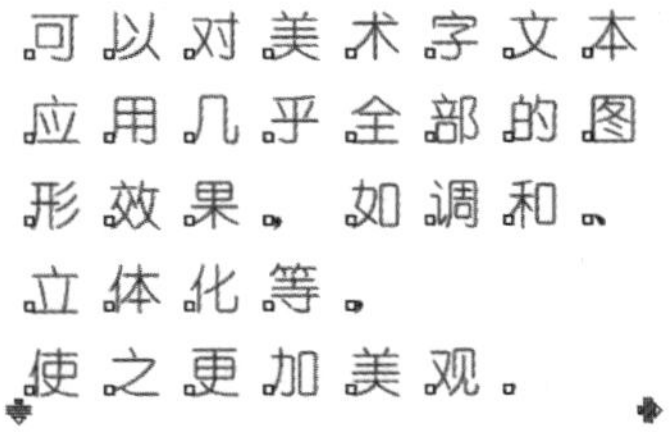

图 7-17

7.2.3 格式化文本

在 CorelDRAW X6 中，无论是美术字文本还是段落文本，都可以使用一些最基本的格式编排选项来指定字体、字号、粗细、间距及其他字符属性。对于段落文本，还可以应用项目符号、缩进、首字下沉、断字设置等格式。在 CorelDRAW X6 中，对文本应用基本格式的方法很多，可以在下列几种方法中进行选择：

- 在文本输入前，修改文本属性栏的默认设置，提前指定文本编排格式。
- 对于已输入的文本，可以修改其现有的文本格式，以达到格式化文本的目的。
- 对于一些大型的文本，可以使用文本样式或模板。这样做的好处是快速并能保持文本风格的一致性。

可以通过"文本"属性栏、"文本属性"对话框和"文本"工具栏等途径来实现上述的文本格式化操作。

选择"文本"→"文本属性"命令，或者使用快捷键 Ctrl+T，可以打开"文本属性"对话框来格式化美术字文本，如图 7-18 所示。

1．设置文本的字体

一般情况下，在 Windows 环境下的字体都可以在 CorelDRAW X6 中使用。

选择"文本"→"文本属性"命令，在"文本属性"面板中可以指定下列字符属性，如字体类型、粗细、大小、填充色彩以及轮廓线粗细、色彩、设置文本排列方式等，如图 7-19 所示。

图 7-18

图 7-19

2．设置文本的对齐方式

（1）对美术字文本的设置

激活选择工具，单击某一美术字后，在其属性栏中，如图 7-20 所示，单击"对齐"按钮。可以在其中对选中的文本设置不同的对齐方式，以适应不同的版面需求。

对于美术字文本，只可以在其中设置以下几种对齐方式：

"无"，指定无对齐方式；"左"，设置为左对齐方式；"居中"，设置为中间对齐方式；"右"，设置为右对齐方式；"全部调整"，设置为除最后一行外，其他行均左右对齐的方式；"强制调整"，设置所有行均左右对齐方式。

（2）段落文本的设置

激活选择工具，单击某一个段落文本，其属性栏如图 7-21 所示。可以看到，除具有美术字文本中那样设置各种对齐方式外，还增加了"项目符号列表"与"首字下沉"两项。

图 7-20

图 7-21

3. 设置文本的间距

（1）设置美术字文本的间距

在 CorelDRAW X6 中，可以根据需要用精确的数值来设定美术字文本中的字符大小、字距的间距。在"文本属性"面板中的"字距调整范围"选项 Av 中设置大小。

（2）设置段落间距

选择段落文本后，打开"文本属性"面板，如图 7-22 所示。对段落文本设置段与段之间的距离、行间距、字距及缩进等选项。

4. 设置排版规则

选择"文本"→"断行规则"命令，如图 7-23 所示，在"亚洲断行规则"对话框中设置头尾回避字符。根据人们的习惯，处理文本时，在行首要避免出现一些字符，如逗号、感叹号、右括号等，在行尾要避免出现左括号、左引号等符号，这些规则可以在本对话框中设置。

图　7-22　　　　　　　　　　　　图　7-23

在其选项组中共有 3 个选项，选中"前导字符"复选框时，可以在其后的文本框中输入在行首禁止使用的字符；选中"下随字符"复选框时，可以在其后的文本框中输入在行尾禁止使用的字符；选中"字符溢值"复选框时，可以在其后的文本框中输入在前置缩排时禁止使用的字符。

5. 设置段落文本制表位

选择"文本"→"制表位"命令，在如图 7-24 所示的"制表位设置"对话框中可以精确地为段落文本设置制表位，还可以添加、删除制表位，设置前导符的字符类型和间距等。

- 添加制表位：单击"添加"按钮，列表底部将新增一行。
- 删除制表位：在制表位列表中选择一个制表位，单击"移除"按钮，可以删除一个制表位。若单击"全部移除"按钮，则删除全部制表位。
- 设置制表位：可以在"对齐"列表中双击打开对齐方式列表框，从中选择一种对齐方式。
- 设置前导符制表位：所谓前导符是指放置于文本对象之间的一行字符，可帮助读者跨过空白区域而不会错行。前导符常用于制表位的停止处，尤其是在右对齐的文本之前，如书的目录中就经常用到此类制表位。

图　7-24

7.2.4　编辑文本

1. "编辑文本"对话框

选择一个段落文本，然后选择"文字"→"编辑文本"命令，或单击属性栏上的"编辑文本"按钮，弹出如图 7-25 所示的对话框。

利用"编辑文本"对话框可以对已经录入的美术字文本或段落文本进行编辑，如添加文本、删除部分文本、修改文本、导入文本、设置文本格式等。与"字符格式化"对话框相比，"编辑文本"对话框显得更加直观和简洁。与"字符格式化"对话框一样，当选择段落文本和美术字文本时，"编辑文本"对话框中的项目有些不同，主要是少了"首字下沉"和"项目符号"两个功能按钮。

该对话框中的各工具按钮的功能与其他文字处理软件的相关按钮大致相同，用户可以进行对比和参考使用。这里只简单介绍"导入"命令。

在图 7-25 中单击"导入"按钮，弹出如图 7-26 所示的对话框，选择要导入的文档名称即可重新输入文字。

图　7-25

图　7-26

2. "首字下沉"对话框

首字下沉效果一般应用于一篇文章的开头或者一段、一章的开始。将放大的字符嵌入到正文中，使文章图形化，同时还可以通过改变字符的字体、颜色、添加边框、底纹等创作性的设计，使文本更具吸引力，起到突出重点、引人入胜的效果。

使用"首字下沉"命令产生首字下沉效果的方法如下：

（1）选定文本，选择"文字"→"首字下沉"命令，弹出"首字下沉"对话框，如图 7-27 所示。

（2）在该对话框中选中"使用首字下沉"复选框，便可使段落中的第一个字符产生下沉效果，然后改变字号大小。单击"预览"按钮观察，确认无问题，单击"确定"按钮，效果如图 7-28 所示。

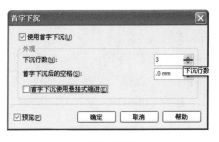

图　7-27　　　　　　　　　　图　7-28

（3）如果选中"首字下沉使用悬挂式缩进"复选框，可以使首字符悬挂在正文左侧。

（4）如图 7-29 所示，设置完成后，单击"确定"按钮，返回工作窗口。首字下沉中悬挂式缩进效果如图 7-30 所示。

图　7-29　　　　　　　　　　图　7-30

3. 查找与替换

查找与替换是在编辑文本时最常用的两个基本操作。通过查找功能可以很容易找到文档的某些字符，使用替换功能可以方便快捷地修改文档中的一些字符而不必一个一个地修改。在 CorelDRAW X6 中使用"编辑"→"查找与替换"→"查找文本"、"替换文本"、"查找对象"和"替换对象"命令，可以实现对象与文本的查找与替换。

查找文本中指定字符的方法如下：

（1）选择要进行查找与替换的文本（如美术字文本或段落文本）。

（2）选择"编辑"→"查找与替换"→"查找文本"命令。

（3）如图 7-31 所示，在该对话框的"查找"文本框中输入要查找的字符。

（4）如果选中"区分大小写"复选框，则查找时区分大小写。

（5）单击"查找下一个"按钮，系统将找出文本中第一个包含指定字符的文本块。

（6）完成查找后，单击"关闭"按钮，返回工作窗口。

替换文本中指定字符的方法如下：

（1）选择要进行查找与替换的指定文本（如美术字文本或段落文本）。

（2）选择"编辑"→"查找与替换"→"替换文本"命令。

（3）如图 7-32 所示，在该对话框的"查找"文本框中输入要查找的内容。

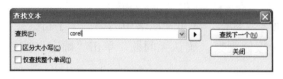
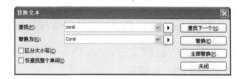

图　7-31　　　　　　　　　　　　　　　图　7-32

（4）在"替换为"文本框中输入要替换成的文本。

（5）单击窗口右边的"查找下一个"按钮，将替换下一个与"查找"文本框中相同的文本块；单击"全部替换"按钮，将替换所有与"查找"文本框中指定文本相同的文本。

（6）完成替换后，单击"关闭"按钮，返回 CorelDRAW X6 工作窗口。

7.2.5　字符的旋转和偏置

为求得版面的变化与丰富，还可以对字符进行适当的旋转和偏置，创建出倾斜、波纹等特殊的视觉效果。进行旋转或偏置的方法有多种，比较常用的是使用属性栏调整单个或多个美术字文本或段落文本对象的垂直和水平间距，也可以使用形状工具使字符垂直偏置。

使用属性栏旋转和偏置文本中指定字符的操作步骤如下：

（1）使用形状工具选定文本中要进行偏置的字符。

（2）如果属性栏尚未打开，可在标准工具栏上右击，从弹出的快捷菜单中选择"属性栏"命令，打开如图 7-33 所示的属性栏。

（3）在该属性栏上的"水平移位"数值框中输入水平偏置值（负值向左移动，正值向右移动）；在"垂直移位"数值框中输入垂直偏置值（正值向上偏置，负值向下移动）。

（4）在"旋转角度"数值框中输入一个角度，确定字符的旋转角度（正值逆时针旋转，负值顺时针旋转）。

（5）完成设置后，按 Enter 键，产生的放置和偏置效果如图 7-34 所示。

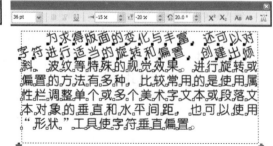

图　7-33　　　　　　　　　　　　　　　图　7-34

7.2.6 创建文本分栏

分栏的概念是对段落文本而言的，段落文本不像美术字文本那样可以应用各种特殊的效果，但它可以应用各种文本文档独有的编排方式。给文本文档分栏是一种很有吸引力的编排方式，许多报刊、杂志等读物都大量使用了文本分栏的格式。CorelDRAW X6 提供的分栏格式可分为等宽和不等宽两种，可以为选定的文本添加不同数目的栏，也可以设置栏间距。在添加、编辑或删除分栏时，可以保持段落文本框的宽度而重新调整栏宽，也可以保持栏宽而改变文本框的大小。

1. 为段落文本添加等宽的栏

在 CorelDRAW X6 中，段落文本可以像在其他字处理软件中一样实现分栏效果。使用分栏命令可以为段落文本创建不同数目、等宽或不等宽的栏。CorelDRAW X6 还支持分栏的交互式操作，分栏完成后，还可以在绘图窗口中随时改变栏的宽度和栏间距。

为段落文本添加等宽的栏的操作步骤如下：

（1）激活选择工具选取文本，如图 7-35 所示。

（2）选择"文本"→"栏"命令，打开"栏设置"对话框，如图 7-36 所示。

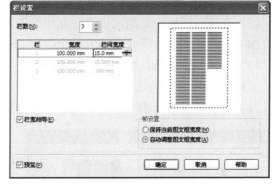

图　7-35　　　　　　　　　　　　　　　　图　7-36

（3）在该选项卡的"栏数"数值框中输入一个数字 3，确定分栏数。

（4）选中"栏宽相等"复选框，将创建等宽的栏。

（5）选中"保持当前图文框宽度"单选按钮，即使在增加或删除分栏的情况下，仍保持文本框的宽度不变。

（6）选中"自动调整图文框宽度"单选按钮，当增加或删除分栏时，文本框自动调整而栏宽保持不变。

（7）完成设置后单击"确定"按钮，返回工作窗口，效果如图 7-37 所示。

对于已经添加了等宽栏的文本，还可以进一步改变栏的宽度和栏间距。首先用文字工具选择文本，这时文本就会显示出分栏线，将指针移动到文本中间的分栏线上时，指针就变成一个双向箭头，单击鼠标向左拖动可以增大栏间距，向右拖动可以减小栏间距，如果选中了"保持当前图文框宽度"单选按钮，系统将按比例同时改变栏宽和栏间距。在文本框的左右边框上拖动也可以调整栏宽和栏间距。

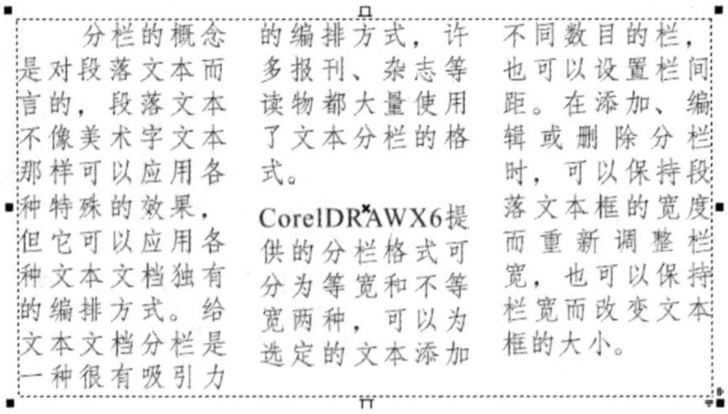

分栏的概念是对段落文本而言的，段落文本不像美术字文本那样可以应用各种特殊的效果，但它可以应用各种文本文档独有的编排方式。给文本文档分栏是一种很有吸引力的编排方式，许多报刊、杂志等读物都大量使用了文本分栏的格式。
CorelDRAWX6提供的分栏格式可分为等宽和不等宽两种，可以为选定的文本添加不同数目的栏，也可以设置栏间距。在添加、编辑或删除分栏时，可以保持段落文本框的宽度而重新调整栏宽，也可以保持栏宽而改变文本框的大小。

图 7-37

2. 为段落文本添加不等宽的栏

如果在“列”选项卡中指定了栏的宽度和栏间距，可以创建不等宽的栏。在某些特殊的设计要求中，这个功能是十分有用的。

为选定文本添加不等宽的栏的操作步骤如下：

（1）使用选择工具选中文本。

（2）选择“文本”→“栏”命令，打开“栏设置”对话框，在该对话框中单击“列”标签。

（3）在该对话框中取消选中“栏宽相等”复选框。

（4）在“栏数”数值框中输入一个数字 3，确定分栏数。

（5）在选项区的数值框中，单击第一栏，此时出现要分的栏数，精确设置各栏的宽度和栏间距，如图 7-38 所示。

（6）完成设置后单击“确定”按钮，效果如图 7-39 所示。

栏设置
栏数(N): 3
栏 宽度 栏间宽度
1 50.000 mm 10.000 mm
2 60.000 mm 15.0 mm
3 70.000 mm .000 mm
栏宽相等(E)
帧设置
保持当前图文框宽度(M)
自动调整图文框宽度(A)
预览(P)
确定
取消
帮助

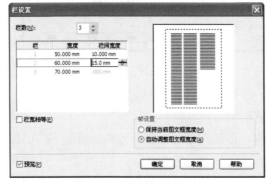

图 7-38

分栏的概念是对段落文本而言的，段落文本不像美术字文本那样可以应用各种特殊的效果，但它可以应用各种文本文档独有的编排方式。给文本文档分栏是一种很有吸引力的编排方式，许多报刊、杂志等读物都大量使用了文本分栏的格式。
CorelDRAWX6提供的分栏格式可分为等宽和不等宽两种，可以为选定的文本添加不同数目的栏，也可以设置栏间距。在添加、编辑或删除分栏时，可以保持段落文本框的宽度而重新调整栏宽，也可以保持栏宽而改变文本框的大小。

图 7-39

7.3 版式设计案例解析

7.3.1 版式设计（一）

本节中将要制作的版式设计效果如图 7-40 所示。设计步骤如下：

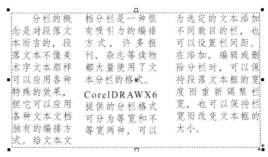

图 7-40

（1）新建文件，单击属性栏中的"导入"按钮，打开"导入"对话框，如图 7-41 所示，选择"罗马柱"图片。

（2）将图片调整大小后置于如图 7-42 所示的版面左上角位置。

（3）激活工具箱中的矩形工具，如图 7-43 所示，在版面右上角绘制矩形。

图 7-41　　　　　　　　　　图 7-42　　　　　　　　　图 7-43

（4）首先创建图样，再次新建文件，激活工具箱中的文本工具，在画面中输入英文字"CorelDRAW X4"并设置好字体，如图 7-44 所示。

（5）按住 Ctrl 键将文字移动一定距离并按鼠标右键复制，效果如图 7-45 所示。

CorelDRAWX4　CorelDRAWX4　CorelDRAWX4

图 7-44　　　　　　　　　　　　　　图 7-45

（6）按 Ctrl+D 快捷键再复制一组等距离字体，效果如图 7-46 所示。

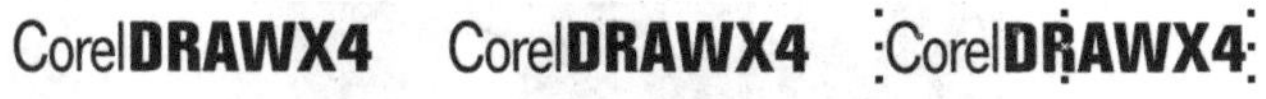
CorelDRAWX4 CorelDRAWX4 CorelDRAWX4

图 7-46

（7）选取其中的两个文字，复制到下面，调整文字与上排文字的位置关系，效果如图 7-47 所示。

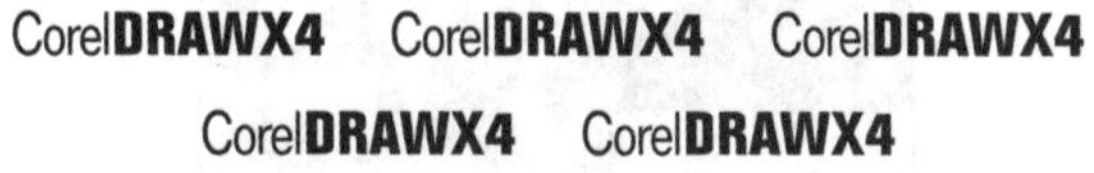
CorelDRAWX4 CorelDRAWX4 CorelDRAWX4
CorelDRAWX4 CorelDRAWX4

图 7-47

（8）将两排文字一同选取，按住 Ctrl 键将文字向下移动一定距离并按鼠标右键复制，再按 Ctrl+D 快捷键复制（再复制两组，一共四组），效果如图 7-48 所示。

（9）激活工具箱中的矩形工具，按住 Ctrl 键，在如图 7-49 所示的位置绘制一个正方形。

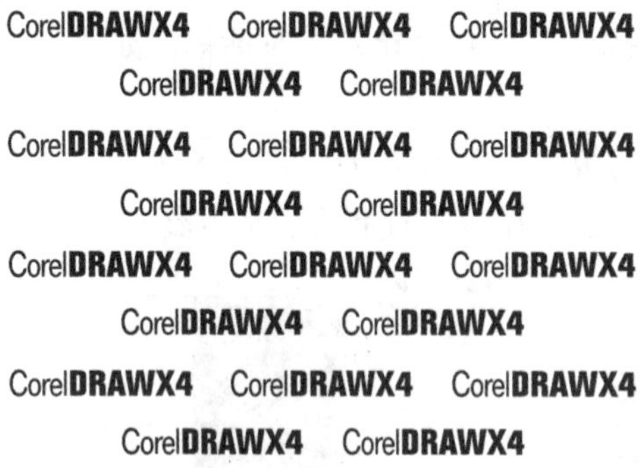

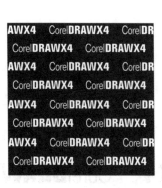

图 7-48

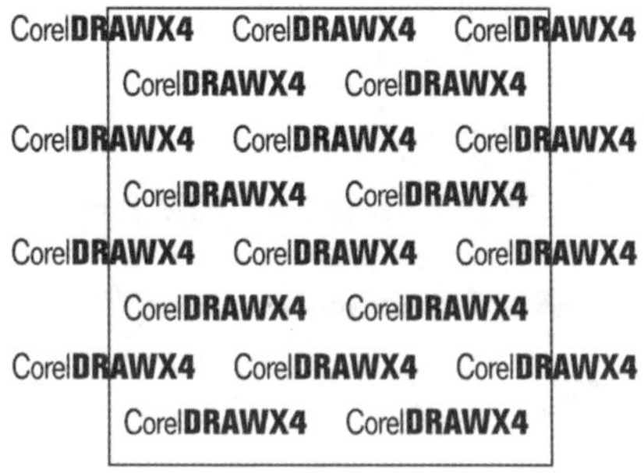

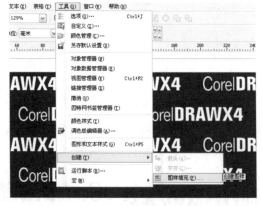

图 7-49

（10）将正方形填充为黑色，文字填充为白色，效果如图 7-50 所示。

（11）选择“工具”→“创建”→“图样填充”命令，如图 7-51 所示。

图 7-50

文本(X) 表格(T) 工具(O) 窗口(W) 帮助(H)
选项(O)... Ctrl+J
自定义(Z)...
颜色管理(C)...
另存默认设置(D)
对象管理器(N)
对象数据管理器(E)
视图管理器(W) Ctrl+F2
链接管理器(K)
撤消(U)
因特网书签管理器(I)
颜色样式(I)
调色板编辑器(A)...
图形和文本样式(G) Ctrl+F5
创建(T)
运行脚本(R)...
宏(M)
图样填充(P)...
创建图样

图 7-51

（12）在“创建图样”对话框中，如图 7-52 所示，设置“类型”为“双色”，“分辨率”为“高”。

（13）单击"确定"按钮，鼠标指针变为"十"字光标，如图 7-53 所示，以左上角为起点拖动到右下角（注意不要选出正方形边框），完成图样创建。

图 7-52

图 7-53

（14）打开版式设计文件，如图 7-54 所示，选择矩形图形，然后激活工具箱中的图样填充工具。

（15）在图样填充对话框中，如图 7-55 所示，选择刚才创建的图样，前景色设置为深蓝色，背景色设置为黑色。

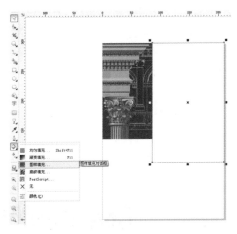

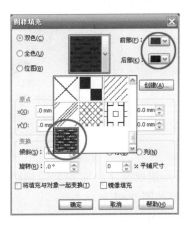

图 7-54

图 7-55

（16）如图 7-56 所示，重新设置图样大小。

（17）单击"确定"按钮，图样填充效果如图 7-57 所示。

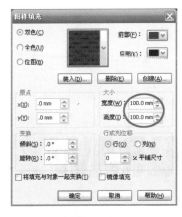

图 7-56

图 7-57

（18）激活工具箱中的透明度工具，如图 7-58 所示，按住 Ctrl 键从中间偏上的位置向下拖曳出透明度效果。

（19）导入"眼睛"图片，调整大小和位置，效果如图 7-59 所示。

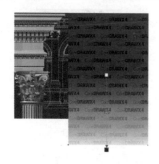

图　7-58　　　　　　　　　　　　　图　7-59

（20）同样的方法，用透明度工具在左上角拖曳出倾斜角度的透明度效果，如图 7-60 所示。

（21）将制作图样的文字置于如图 7-61 所示位置，改变"X4"的颜色为绿色。

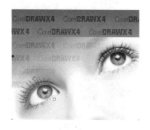

图　7-60　　　　　　　　　　　　　图　7-61

（22）选取文字，向左上角移动一定距离并按鼠标右键复制，将下层的文字填充为黑色，效果如图 7-62 所示。

（23）激活工具箱中的轮廓笔工具。在轮廓笔对话框中设置如图 7-63 所示的参数。

图　7-62

（24）单击"确定"按钮，使用轮廓笔的效果如图 7-64 所示。

图　7-63　　　　　　　　　　　　　图　7-64

（25）在文字下面绘制一个矩形并填充绿色，输入文字"About Corel"并填充为白色，效果如图 7-65 所示。

（26）在文字上面绘制笔头图标，如图 7-66 所示。

图 7-65

图 7-66

（27）笔头图标绘制方法如下。

① 绘制一个正方形；② 用贝塞尔工具先绘制笔头图形，再绘制 4 个用于修剪的辅助图形；③ 将辅助图形一同选取并焊接；④ 用辅助图形修剪笔头图形；⑤ 将修剪后的图形拆分，选取笔尖图形填充墨绿色；⑥ 删除边线，图标制作完成，如图 7-67 所示。

（28）激活工具箱中的文本工具，在画面中拖出一个文本框，然后在文本框中输入英文字，如图 7-68 所示。

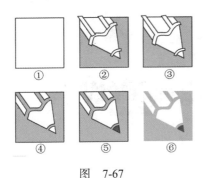

图 7-67

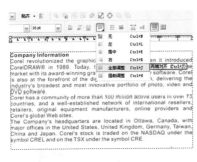

图 7-68

（29）选取所有文字，如图 7-69 所示，单击属性栏中的"对齐"按钮，选择"两端对齐"。

（30）将文本置于如图 7-70 所示位置，然后将文字填充为浅灰蓝色。

图 7-69

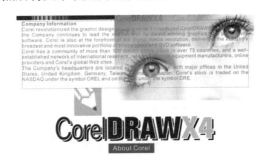

图 7-70

（31）选取"眼睛"图片，如图 7-71 所示，单击属性栏中的"段落文本换行"按钮，选择"文本从左向右排列"。

（32）此时文本将自动绕图换行，效果如图 7-72 所示。

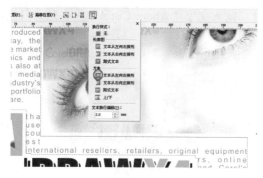

图　7-71　　　　　　　　　　　　　　　　　　　　图　7-72

（33）将文字"CorelDRAW X4"、笔头图标部分以及绿色矩形部分一同选取，单击属性栏中的"群组"按钮，再单击属性栏中的"段落文本换行"按钮，选择"跨式文本"，如图 7-73 所示。

（34）此时文本自动绕图换行，效果如图 7-74 所示。

图　7-73　　　　　　　　　　　　　　　　　　　　图　7-74

（35）如图 7-75 所示，绘制一个 180mm 左右的正方形，在正方形内创建一个比正方形小一点的文本框，输入文字，文字设置为白色，正方形填充为橘红色并设置一个较粗的外轮廓。

（36）将文本与正方形一并选取，如图 7-76 所示，单击属性栏中的"转换为曲线"按钮，再将二者群组。

图　7-75　　　　　　　　　　　　　　　　　　　　图　7-76

（37）将图形置于如图 7-77 所示的位置，激活工具箱中的封套工具。按住 Shift 键选取图中红圈内的 4 个节点并删除。

（38）框选 4 个角的节点，单击属性栏中的"转换曲线为直线"按钮，效果如图 7-78 所示。

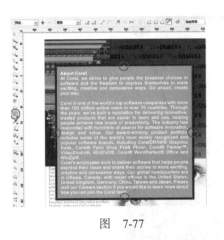

图　7-77　　　　　　　　　　图　7-78

（39）分别调整 4 个节点的位置，使图形具有透视效果，如图 7-79 所示。

（40）单击属性栏中的"取消群组"按钮，选取橙色图形，在左上角制作透明度效果（透明度工具），如图 7-80 所示。

图　7-79　　　　　　　　　　图　7-80

（41）激活工具箱中的阴影工具，如图 7-81 所示，在图形上拖曳出阴影效果，调整属性栏中的"羽化"值为 4。

（42）导入"气球"图片，并制作阴影效果，如图 7-82 所示。

图　7-81　　　　　　　　　　图　7-82

（43）版式设计制作完成，最终效果如图 7-40 所示。

7.3.2 版式设计（二）

本节中将要制作的版式设计效果如图 7-83 所示。设计步骤如下：

图 7-83

（1）新建文件，激活工具箱中的矩形工具，在画面中自动生成一个与工作区同等大小的矩形对象，并将矩形填充为黑色，效果如图 7-84 所示。

（2）按住 Ctrl 键，激活矩形工具，绘制如图 7-85 所示大小的矩形。

（3）激活工具箱中底纹填充工具，在弹出的对话框中设置相应参数，如图 7-86 所示，单击"确定"按钮，效果如图 7-87 所示。

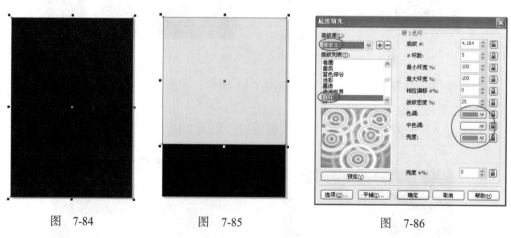

图 7-84　　　　　　　　图 7-85　　　　　　　　图 7-86

（4）激活工具箱中的透明度工具，按住 Ctrl 键，创建如图 7-88 所示的透明度渐变效果。

（5）激活工具箱中的矩形工具，在画面左上角绘制一个矩形，并填充橘红色，效果如图 7-89 所示。

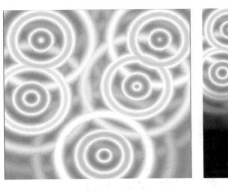
图 7-87

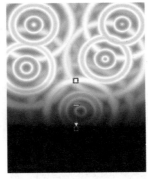
图 7-88

图 7-89

（6）选择"位图"→"转换为位图"命令，在弹出的对话框中按图 7-90 所示设置相应参数，单击"确定"按钮即可。

（7）选择"位图"→"三维效果"→"卷页"命令，在弹出的对话框中按图 7-91 所示设置相应参数，单击"确定"按钮，效果如图 7-92 所示。

图 7-90

图 7-91

（8）激活工具箱中的文本工具，在画面中输入如图 7-93 所示的文字，调整大小和字体（选用较粗重的字体）。

（9）如图 7-94 所示，将文字填充为白色。

图 7-92

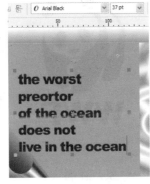
图 7-93

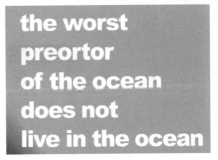
图 7-94

（10）激活工具箱中的轮廓笔工具，在弹出的对话框中按图 7-95 所示设置相应参数，单击"确定"按钮，效果如图 7-96 所示。

（11）激活工具箱中的矩形工具，在版面中的顶端位置绘制一个狭长的矩形并填充黑色，效果如图7-97所示。

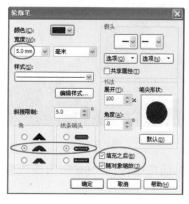
图 7-95

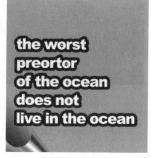
图 7-96

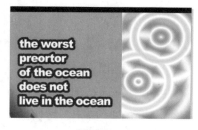
图 7-97

（12）激活工具箱中的文本工具，在黑色矩形位置输入如图7-98所示的文字，调整字体和大小并填充白色。

（13）在版面右上角分别绘制大小两个矩形，分别填充为白色和深灰色，效果如图7-99所示。

（14）选择"文件"→"导入"命令，导入如图7-100所示的点阵图像。

（15）确保标志处于选取状态下，如图7-101所示，单击属性栏中的"描摹位图"按钮，在其下拉菜单中选择"轮廓描摹"→"详细徽标"命令，弹出如图7-102所示的对话框并设置相应参数，单击"确定"按钮，调整大小并放置在右上角位置，效果如图7-103所示。

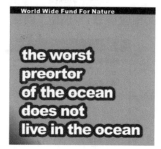
图 7-98

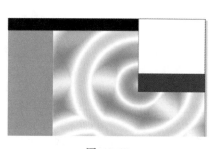
图 7-99

图 7-100

图 7-101

（16）将点阵图像删除，选取描摹的对象，在属性栏中单击"取消群组"按钮，然后将文字部分填充为白色，效果如图7-104所示。

（17）激活工具箱中的形状工具，调整文字的轮廓，效果如图7-105所示。

（18）激活工具箱中的文本工具，在画面中输入"！"，调整字体（选用较粗重的字体）和大小，效果如图7-106所示。

图　7-102

图　7-103

图　7-104

图　7-105

（19）选择"排列"→"转换为曲线"命令，将"！"转换为普通对象。

（20）激活工具箱中的形状工具，调整对象外形，然后复制一个并填充为白色，将其放置在黑色对象的左上方，效果如图 7-107 所示。

图　7-106

图　7-107

（21）导入点阵图像文件"鱼群"，如图 7-108 所示。

（22）调整图像大小，如图 7-109 所示，使其比"！"对象略大即可。

图　7-108　　　　　　　　　　　　　图　7-109

（23）选择"效果"→"图框精确剪裁"→"置于容器内部"命令，效果如图 7-110
所示。

（24）下面使用工具箱中的贝塞尔工具绘制一条鲨鱼，如图 7-111 所示为鲨鱼整个外
形效果，下面将详细讲解鲨鱼的绘制过程。

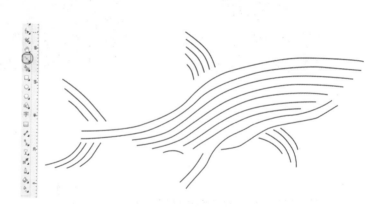

图　7-110　　　　　　　　　　　　　图　7-111

（25）首先使用贝塞尔工具绘制鱼的背脊，注意起点为左侧（是为了与将来文字的
输入顺序对应），绘制完成后使用形状工具调整节点，使线条准确流畅，效果如图 7-112
所示。

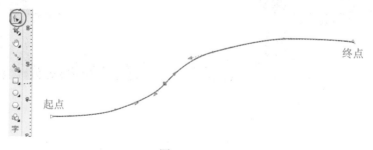

图　7-112

（26）依次绘制鱼身体的其他线条，效果如图 7-113 和图 7-114 所示（注意，绘制完一条线条后取消选取状态，再绘制下一条线条）。

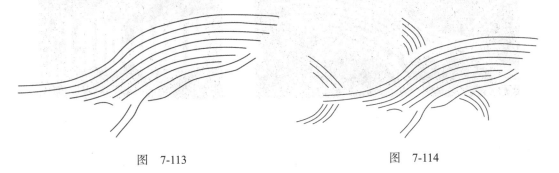

图　7-113　　　　　　　　　　　　　　　　　图　7-114

（27）激活工具箱中的文本工具，如图 7-115 所示，在线条的左端单击插入光标，输入如图 7-116 所示的文字。

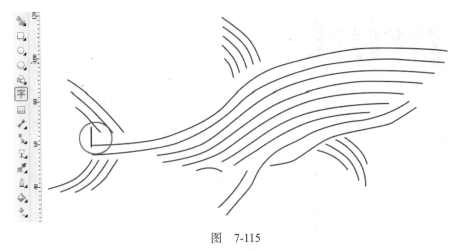

图　7-115

（28）用同样方法，依次输入其他文字，调整文字的大小和字体，最终效果如图 7-117所示。

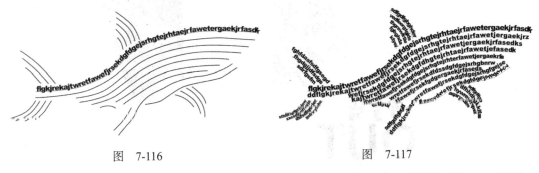

图　7-116　　　　　　　　　　　　　　　　　图　7-117

（29）将"文字鲨鱼"移动至版面的下半部分，并填充为白色，效果如图 7-118 所示。

（30）在版面最下方输入其他文字，调整字体和大小并填充为橘红色，效果如图 7-119所示，最终效果如图 7-83 所示，版式设计制作完成。

图　7-118　　　　　　　　　　　　　　　　　图　7-119

思考与练习

1．正确理解版式设计基本形式。

2．合理使用美术字与段落文本，制作如图 7-120 所示的效果。

图　7-120

Chapter

08

包 装 设 计

8.1 包装设计概述

包装广泛用于生活、生产中，早在公元前 3000 年，埃及人就开始用手工方法熔铸、吹制原始的玻璃瓶，用于盛装物品，同一时期，埃及人用纸莎草的芯髓制成了一种原始的纸张用以包装物品，公元前 105 年，蔡伦发明了造纸术，在中国出现了用手工造的纸做成标贴。在人类历史发展的长河中，包装设计推动人类文明不断向前发展，时至今日，包装不仅仅起到保护商品的作用，它已给人类带来了艺术与科技完美结合的视觉愉悦以及超值的心理享受。因此说包装设计是一门综合性很强的创造性活动，设计师要运用各种方法、手段，将商品的信息传达给消费者。它涉及自然的、社会的、科技的、人文的、生理的和心理的等诸多因素，想要快速、准确地达到设计目标，降低成本，增加产品的附加值，就必须要有严格、周密的设计程序和方法。如图 8-1 所示即为一包装设计效果。

图　8-1

8.1.1　商品包装的主要要素

功能、材料、形式是构成包装的三要素，三者之间既是独立的又是相互联系的。功能是包装设计的前提，材料是包装设计的基础，形式是包装设计的灵魂。

1. 功能

保护功能——采用适当技术措施与方法，保护产品不受到损害。这种功能可以说是包装设计所特有的，是其最基本的特性。

方便功能——合理分装，储存运输方便，使用安全，利于回收，这是现代包装的基本功能。

2. 材料

材料是为功能服务的，没有材料就如人要做衣服而没有布。保护产品依赖材料促成，离开了材料，商品包装装潢设计就失去了意义。

3. 形式

形式是促进销售目的的重要手段。利用各种设计方式美化商品、宣传商品，以赢得顾客对商品的了解。形式表现是包装装潢设计的灵魂。

因此，包装的最主要作用是传达商品信息，方便销售，扩大再生产，实现商品价值与利润。包装设计永远是功能第一。作为新时代的包装设计师，要赋予包装新的设计理念，要了解社会、了解企业、了解商品、了解消费者，作出准确的设计定位。在构思设计过程中不能只以主观的审美来强加于设计，而应该了解商品的个性，充分进行市场调查以及了解包装的机能等。包装装潢设计是艺术与实用的结合，形式又为设计带来无限的市场拓展力。通过形式的视觉传达来强有力地吸引顾客，传达商品信息，树立良好的品牌形象和企业形象。

8.1.2　常见商品包装的形式

以形态分类，可分为单体包装、内包装和外包装 3 种。

按使用材料分类，可分为纸包装、纸箱包装、木制包装、塑料包装、金属类包装、玻璃类包装、布质类包装以及其他天然材料包装。使用各种材料做包装各有优劣，必须按需要和环境来加以分析。

纸包装印刷便利，成本低廉，但易破损，不防潮，现代多用纸塑复合包装，如图 8-2 所示。

木制包装成本较低，适合简易印刷，防潮，不易破损，多用于工业性包装设计，如图 8-3 所示。

图　8-2　　　　　　　　　　　　图　8-3

纸箱包装印刷便利，成本低，形式多样，立体造型，并富于变化，是现代广泛使用的一种包装。

塑料包装印刷便利，成本低，破损率低，防潮湿，造型多样，适用于大规模机械化生产，缺点是易造成环境污染。

金属类包装印刷便利，外形美观多样，密封防潮，不易破损，但成本较高，一般适用于高档商品，如图 8-4 所示。

玻璃类包装精美高雅，密封防潮，易破损，成本高，如图 8-5 所示。

布质类包装印刷便利，成本较低，形式多样，富于变化，不防潮，易破损。

从设计角度来划分，可分为工业性包装和商品性包装。

工业性包装，设计的重点是为了保护商品，便于储运，一般多用一些成本低廉、易于印刷、不易破损的材料。

图 8-4

图 8-5

商品性包装，在考虑保护商品、便于储运的同时，更重要的是促销的功能。为了达到促销的功能，其包装设计着重落脚在商品的视觉传达效果上。

8.1.3 产品包装设计的基本构成要素

包装装潢从简单的几个文字到图文并茂的装潢外表，带给顾客最直观的效果。所以除研究包装结构外，对图形、构图、文字、色彩等研究也是十分重要的，它是完成包装装潢的基本要求和设计定位的手段。

1. 图形

图形可以说是商品的面貌。图形对新产品定位起决定性作用，能体现产品属性，达到形象传递要求。除受想象力、成本的限制外，图形因素多种多样，千变万化。从广义讲包含色彩、形态、商标品牌、文字等因素，其中每个因素都会影响消费者对质量、接受程度等作出判断。图形的表现形式多样，主要有装饰图案、文字、摄影、绘画、卡通形象等，因产品、消费对象、地区而定。由于图形反映产品形象和档次，因此传递的形象一定要清楚，要避免信息模糊而影响销售。

● 装饰图案表现形式

这是传统的表现形式，在包装装潢上运用较普遍，其特点是运用点、线、面的规律进行抽象、具象、单元或群体的构成，如图 8-6 所示。

● 字体形式表现

文字形式在包装设计中是至关重要的表现。任何商品都离不开文字形式的宣传与美化，文字使商品信息一目了然。书法艺术是包装设计文字表现的良好形式，具有十分独特的艺术气质，造型别致，体现民族特色，是商品包装装潢最易借鉴发扬的艺术形象，如图 8-7 所示。

● 摄影形式表现

摄影形式用于商品装潢上是 20 世纪 40 年代美国 Brid's Eye 开始的商品信息传播手段，是包装内容写实的最为客观的表现形式，是手法表现上的一次大突破。目前儿童玩具包装大部分采用摄影形式，这与儿童的纯真情感相吻合。其他商品采用摄影形式，分寸掌握适当同样会显得高贵、雅致，也能更真实地反映产品的内在质量，如图 8-8 所示。

图 8-6

图 8-7

- 绘画形式表现

油画、水彩、水粉、喷绘等均属该范畴，是传统表现形式。包装装潢发展到今天，各种新的表现形式的出现，使绘画这一传统形式再现在商品装潢上大有怀旧之情，以象征历史之悠久、文化之古老，如图 8-9 所示。

图 8-8

图 8-9

- 卡通形式表现

卡通形象的运用为商品装潢带来趣味性的效果，给本来没有多少吸引力的商品配上幽默活泼的卡通形象会引起人们的好奇心，无形中起到广告的推销作用。这种形式的出现更是迎合儿童喜好新奇、富有幻想的心理特点。那些"变形金刚"、"米老鼠与唐老鸭"等可爱的形象常常会使孩子们为之吸引，想占为己有。卡通形式在当今的商品装潢中已十分普遍，几乎在所有类别的装潢中，都能见到卡通形式的应用，如图 8-10 和图 8-11 所示。

图 8-10

图 8-11

2. 文字

文字是直接传递商品流通信息、表达产品内容的视觉语言，它具有两重性，一是介绍商品，二是装饰画面。商品包装可以没有装饰、没有图案色彩，但却不能没有文字。设计包装中的文字要注意字体本身的形态设计和文字内容的构思设计以及文字编排。

● 文字的种类

文字种类很多，但首推中国的书法艺术，它是中华民族艺术的精华所在，也是包装设计中常常借用的重要表现手段之一。中国书法大致可分为古文、大篆、小篆、隶书、草书、行书、正楷等。黑体字是包装装潢中十分常见的字体表现形式，字表庄重、粗笨、结实、厚重。外文拉丁字母的种类很复杂，归纳起来有以下几种字体：罗马体、哥德体、意大利斜体、草体等。罗马体有古罗马和现代罗马体之分，前者字体优雅秀丽，横竖粗细变化不大，后者笔画横细竖粗，字母结构比较有规律，全都带有装饰线。哥德体有两种：一种是 14 世纪哥德体，富于装饰，适合表现古典、权威性的商品；另一种是起源于法国和意大利的新哥德体，其造型明朗且富有现代感，字形与方形相似，没有装饰线（也称无饰线体），应用范围极广。

● 字体的组合

文字在数秒钟之内组合成形体要给人一种形象，这种形象称为"文字形态"。字体的形态是因商品属性而定，与构图、图形、色彩融为一体，以醒目易识为目的。应通过多种设计手法增加其柔软感、活泼感、严肃感、现代感。小字的运用和主体字要有联系，字体排列讲究统一，说明文字要小而清晰。

3. 构图

包装设计构图应突出主题，层次分明，简明而有视觉冲击力，充分体现商品的属性。它不受透视、自然景象和场景的限制，还可依靠材料、工艺本身的特点，采用综合性的手法来组合构成画面。中国传统艺术中，构图充分运用了形式美法则，它是装潢设计学习的重要途径。

● 多样性统一

这是一切艺术表现中最基本的原则。所谓多样性的统一就是从统一中求变化，变化要服从统一。多样性的统一要求妥善安排主次，前后左右、上下深浅要有变化，不要平均分布画面，要衬托主题，突出主题。

● 对称与平衡

对称是等量等形。对称的构图特点是装饰性较强，在商品装潢中常常运用这种手法。但过于追求对称就会出现呆板平均之感。平衡是在平面上的量及质在视觉上所得到的平衡。构图要注意整体画面中的呼应关系，这种平衡的构图由于有相互对照和变化，也就产生了活泼而又稳定的感觉，结合不同性质的产品灵活运用，以获得各种不同的效果。

4. 色彩

色彩在包装设计中占有特别重要的地位。在竞争激烈的商品市场上，要使商品具有明显区别于其他产品的视觉特征，更富有诱惑消费者的魅力，刺激和引导消费，以及增强人们对品牌的记忆，这都离不开色彩的设计与运用。

日本色彩学专家大智浩曾对包装的色彩设计做过深入的研究。他在《色彩设计基础》

一书中，曾对包装的色彩设计提出如下 8 点要求：

- 包装色彩能否在竞争商品中有清楚的识别性。
- 是否很好地象征着商品内容。
- 色彩是否与其他设计因素和谐统一，有效地表现商品的品质与分量。
- 是否为商品购买阶层所接受。
- 是否是较高的明视度，并能对文字有很好的衬托作用。
- 单个包装的效果与多个包装的叠放效果如何。
- 色彩在不同市场、不同陈列环境是否都充满活力。
- 商品的色彩是否不受色彩管理与印刷的限制，效果如一。

对于一些商品特别要求独特的个性，色彩设计需要具有特殊的气氛感和高价、名贵感。例如，法国高档香水或化妆品，要有神秘的魅力，显示出巴黎的浪漫情调。这类产品无论包装体型或色彩都应设计得优雅大方。再如，男人嗜好的威士忌，包装设计要有 18 世纪法国贵族生活的气质，香烟包装设计要求有一种贵族的气质感。骆驼牌（CAMEL）香烟盒的底色是淡黄色，暗喻广阔的沙漠。背景图案上的金字塔和棕桐树代表古老的东方，给人一种神秘的和原始的感觉，如图 8-12 和图 8-13 所示为两款包装设计效果。

图 8-12

图 8-13

8.2 CorelDRAW X6 文本特殊效果

在 CorelDRAW X6 中的文本效果几乎可以替代所有排版软件实现的排版效果。处理美术字文本可以像对待图形对象一样，应用各种特殊效果（立体化效果、添加阴影效果、调和效果等）；对于段落文本，有一些特殊效果虽然不能进行应用，但其本身支持的各种特殊效果已绰绰有余，同样也可以创建出丰富的效果（在段落文本中添加任意形状的图形对象，生成图文混排效果；在多个文本框之间建立链接，形成文本流；对文本添加封套，改变文本框的外观；快速实现大批文本的统一格式编排）。

8.2.1 使文本嵌合路径

将文本嵌合到路径是美术字文本所独有的编排效果。在 CorelDRAW X6 默认状态下，所输入的文本都是沿水平方向排列的，这种排列方式的外观整齐而单调，虽然可以用形状工具将其旋转或偏置，产生波纹的效果，但这种方法只能用于简单的文本，而且比较繁琐。使用在 CorelDRAW X6 中的将美术字文本嵌合到路径的功能，可以将文本捆绑到不同的路径中，使其外观更加多变，看起来像圆、矩形、曲线等。不仅如此，还可以精确调整文本与路径的嵌合方式。

1. 使文本直接嵌合路径

在 CorelDRAW X6 中，沿图形对象的轮廓线放置美术字文本，最直接的方法是使输入的文本自动沿路径对象分布。这种方法非常简单，可以直接在路径上输入文本。

使输入的文本自动嵌入路径的操作步骤如下：

（1）启动 CorelDRAW X6，使用基本绘图工具绘制一个简单的图形对象，如图 8-14 所示。

（2）激活工具箱中的文字工具，将指针移动至图形对象附近，等指针变成插入点光标时，在图形对象附近单击。

（3）选择一种输入法输入文本，这时输入的文本会自动沿选定的图形对象轮廓分布。如图 8-15 所示为文本嵌合在封闭路径上的效果，如图 8-16 所示为文本嵌合在开放路径上的效果。

图 8-14

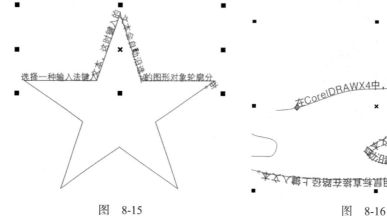

图 8-15

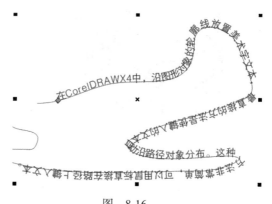

图 8-16

注意 文本排列完成后，如果不需要路径，则激活选择工具，选择路径后删除即可。

2. 将已有文本适配到路径上

对于已有的美术字文本，可以使它适配于路径，对于开放路径和闭合路径，都可以应用此特效。下面通过一个实例来说明它的用法。

使用文本适配路径的方法如下：

（1）使用基本绘图工具绘制一个图形对象，激活文字工具，在画面上创建一个美术字文本，如图 8-17 所示。

（2）激活选择工具并选择该美术字文本。

（3）选择"文字"→"使文本适合路径"命令，这时光标变成一个粗黑的方向箭头。

（4）移动方向箭头在选定的图形对象上单击，即可将文本嵌合到对象上，如图8-18所示。

提示 可以同时选择美术字文本和路径，然后选择"文字"→"使文本适合路径"命令，也可达到同样效果。

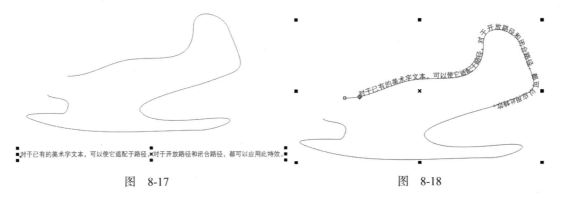

图 8-17　　　　　　　　　　　　　　　　　　图 8-18

使用属性栏调整已嵌合的文本，如图8-19所示，方法如下：

（1）在属性栏上打开"文字方向"列表框，用户可以在其中选择路径上字母的方向，如图8-20所示。它共有4种选项。

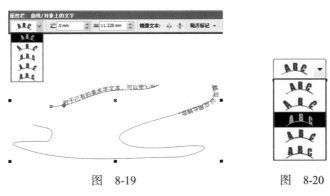

图 8-19　　　　　　　　　　　　　图 8-20

- 旋转字母：旋转单个字符以遵循路径的轮廓线，即每个字母与轮廓线保持垂直。
- 垂直倾斜：垂直地倾斜每个字符，以造成文本直立在路径上的感觉，倾斜量随路径的倾斜率而变化。
- 水平倾斜：水平地倾斜每个字符，以形成文本向屏幕里面转动的感觉，倾斜量随路径的倾斜率而变化。
- 垂直字母：每个字母都是垂直的方向，并且不发生倾斜。

（2）调整文字与路径的垂直距离和水平偏移。用户可在如图8-21所示的属性栏中改变"与路径距离"和"水平偏移距离"数值框，调整文本在路径上的水平与垂直位置。

（3）"水平镜像"、"垂直镜像"按钮的功能就是把文本放在路径对应的另一边，如图8-22所示。

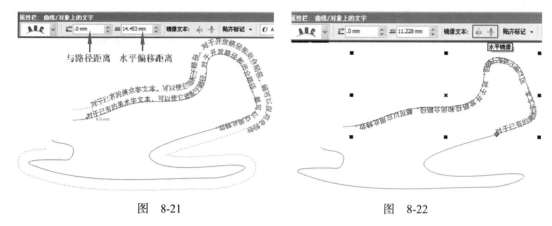

与路径距离　水平偏移距离

图　8-21　　　　　　　　　　　　　　　图　8-22

总之，要实现沿路径的轮廓线放置选定的文本对象的操作，可以直接在路径上输入文本，也可以使用"文字"菜单中的"适配路径"命令，或使用属性栏进行精确的控制。

注意

　　要在封闭路径上放置文本对象，可以使用选择工具选中文本，选择"文字"菜单中的"适配路径"命令将文本置于封闭路径上，然后利用其属性栏，对嵌合方式进行精确设置。这种方法和将文本嵌合到开放路径上的操作方法是完全一样的。

3. 分离嵌合于路径的文本对象

将文本嵌合到开放路径或封闭路径中后，在 CorelDRAW X6 中就将文本和路径视为一个对象。如果想分别对文本或路径进行处理，可以将文本从图形中分离出来。分离后的文本对象保持着它所在路径的形状。

要将文本与路径分离开，可使用选择工具选择已嵌合于路径的文本对象，然后选择"排列"→"拆分在一路径上的文本"命令即可，如图 8-23 所示。拆分后，文本和图形变为两个独立的对象，可以分别对它们进行处理，效果如图 8-24 所示。

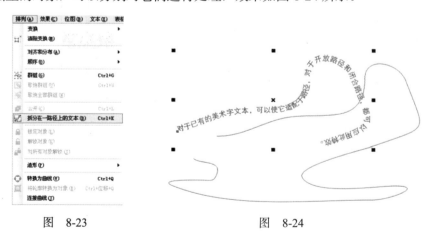

图　8-23　　　　　　　　　　　　　　　图　8-24

8.2.2　段落文本与文本框

在 CorelDRAW X6 中，当对段落文本框应用了变形命令，改变了文本框的外形时，文本框中文本的字形、大小等各种属性都保持变形前的状态。而当改变文本的字形、大小等各种属性后，文本框的外形并不产生变化。

1. 添加符号

在一段文本中除了要添加文字外，有时还需要添加一些特殊的符号。将符号作为图形对象添加时，Core1DRAW X6 将符号当作曲线处理，因此符号是独立的图形对象。

将符号作为文本对象添加的方法如下：

（1）激活文本工具选择文本、艺术字文本或者段落文本。

（2）将鼠标光标（插入点）放在要添加符号的位置。

（3）选择"文本"→"插入符号字符"命令，这时会出现如图 8-25 所示的面板。

（4）从面板中选择一种符号集的名称。若有特殊需要，可以在"符号大小"数值框中输入数值或使用上下箭头改变符号的大小。

（5）在符号窗口中双击一种符号，或者把符号拖动到文本范围内，则此时选中的符号就被插入到了文本中，此时是作为文本对象添加的。如果在符号窗口中单击一种符号并将其拖动到绘图页面上，则将符号作为图形对象添加到了页面上，此时要注意不要放在选中的文本上，否则又会变成文本对象。

2. 调整文本框的大小

在创建文档的过程中，有时需要将文本框扩大或缩小，使版面更加紧凑、更加美观。在调整文本框的大小时，既可以只调整文本框的大小而使文本保持不变，也可以使文本框中的文字随文本框的大小而自动调整其大小，以适合文本框。

（1）如果只想改变文本框的大小而保持文本不变，可以使用选择工具选中文本，然后单击文本框的任意一个边框并拖动，沿一个方向扩大或缩小文本框的大小；单击文本框 4 个角上的控制柄并拖动，将同时改变文本框的长和宽，而文本框中文本的大小不会改变，如图 8-26 所示。

图　8-25

图　8-26

（2）如果需要在调整段落文本的同时使文本适合框架，必须改变系统默认的设置。

① 在画面中添加段落文本，激活选择工具选定并复制该文本。

② 选择"工具"→"选项"命令，打开"选项"对话框。

③ 在该对话框的树状列表中选择"工作区"/"文本"/"段落"选项，打开如图 8-27 所示的"选项"对话框。

④ 在该对话框中选中"按文本缩放段落文本框"复选框。

⑤ 完成设置后，单击"确定"按钮返回 CorelDRAW X6 工作窗口。从图 8-28 中可以看出，文本的大小没有改变，改变的是文本框的大小，而且无论如何拖动文本框的控制柄，文本框总是随文本的改变而改变。

图 8-27

图 8-28

（3）同时调整段落文本和文本框的大小，方法如下：

取消系统设置，然后按住 Alt 键，拖动文本框任意一角上的控制柄，将同时调整文本框和其中的文本，文本继续沿用原来的字体，而字号随文本框的改变而发生变化，效果如图 8-29 所示。

图 8-29

3．在图形对象中插入段落文本

在 CorelDRAW X6 中，可以将段落文本嵌入到一些不规则的、封闭路径的图形对象中，也就是说，将文本作为图形对象中的填充物。当在图形对象内部插入文本时，文本框位于图形对象的轮廓内。填充的文本属性和其他段落文本一样，可以应用各种段落编排格式。插入到图形对象的文本框，其大小随对象形状的改变而改变，要调整段落文本框的大小，必须调整图形对象。

在图形对象中插入段落文本的方法如下：

（1）在新建文件中，使用绘图工具绘制一个具有封闭路径的图形，激活选择工具并选择图形对象。

（2）激活工具箱中的文本工具，单击图形对象的轮廓，这时根据对象的形状和大小在对象内部出现了一个文本框，如图 8-30 所示。

（3）在文本框中输入文本即可，如图 8-31 所示。

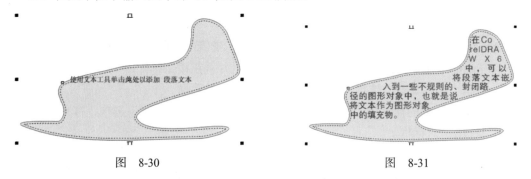

图 8-30

图 8-31

4．沿图形对象轮廓排列段落文本

图文混排的编辑方式广泛应用于报纸、杂志、图书的版面设计中。文本可以沿着图形轮廓排列，并通过合理地控制文本与图形对象之间的相对位置来增强图形的显示效果。可以对已有的文本应用图文混排效果，也可以用这种方式排列正在输入的文本。

使新输入的段落文本自动环绕在图形对象周围的方法如下：

（1）在新建文件中，绘制如图 8-32 所示的椭圆与矩形，然后将二者中心重合。

（2）将二者全选，单击属性栏中的"焊接"按钮，如图 8-33 所示，使二者成为一个整体。

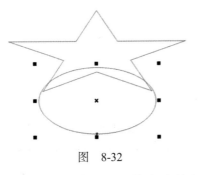
图　8-32

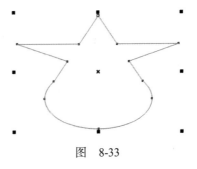
图　8-33

（3）单击属性栏中的"段落文本换行"按钮，在下拉列表中选择一种环绕方式（本例选择"跨式文本"），在"文本绕图偏移"数值框中输入一个数值，确定文本环绕的偏移量，如图 8-34 所示。

（4）单击"确定"按钮返回 CorelDRAW X6 工作界面。

（5）激活文本工具，在图形上创建一个段落文本框，如图 8-35 所示。

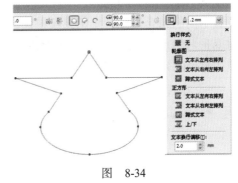
图　8-34

（6）在文本框中输入所需要的文本。当输入文本时，文本会沿着图形对象的轮廓移动，并保留一定的空白区域，效果如图 8-36 所示。

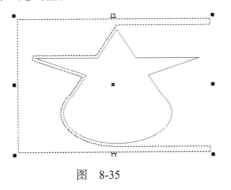
图　8-35

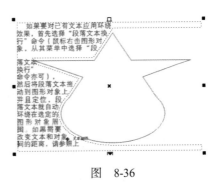
图　8-36

如果要对已有文本应用环绕效果，首先选择"段落文本换行"命令（右击图形对象，从其弹出的快捷菜单中选择"段落文本换行"命令亦可），然后将段落文本拖动到图形对象上并且定位，段落文本就自动环绕在选定的图形对象周围。如果需要改变文本和对象间的距离，请参照上述操作步骤（3）进行精确设置。

8.2.3　给文本添加封套效果

在 CorelDRAW X6 中使用的文本分为美术字文本和段落文本两种格式，这两种格式为用户进行不同文本的录入和编辑提供了极其方便的解决方案：美术字文本适于设置一些文本的特殊效果，而段落文本则为输入量较大的文本提供了方便。

段落文本的处理方法决定了它不能运用一些美术字文本可以利用的特效，如立体化、添加阴影或者各种填充等。段落文本的外部形状决定于用户设置的文本框的形状。在 CorelDRAW X6 中为用户改变段落文本的外形提供了交互式封套工具，它是一种操作简单却功能强大的工具。

1．对美术字文本应用封套效果

在使用封套对美术字文本进行变形操作时，系统将美术字文本视为图形对象。但是文本本身还保留了文本的特征，如可以设置字体、字号、大小写。

和其他工具一样，交互式封套工具同样允许使用属性栏来精确设置各种选项。例如，在当前选定的封套上添加和删除节点、转换节点类型、设置不同的封套模式、应用系统提供的各种预设封套形状等。如图 8-37 所示为对图 8-34 中图形应用封套的效果。

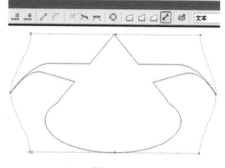

图　8-37

"交互式封套"属性栏中各选项介绍如下。

- "预置"列表框：显示预设形封套的选择范围。单击应用于选定对象的封套，可以打开封套的下拉列表框，从中选择任何一种封套形式。
- "添加节点"按钮：单击该按钮将在单击点位置添加一个或者多个节点。
- "删除节点"按钮：在选定了某一个或者多个节点后，单击该按钮将删除它们。
- "转换曲线为直线"按钮：单击该按钮将选定的曲线转换为直线。
- "转换直线为曲线"按钮：单击该按钮将选定的直线转换为曲线。
- "使节点成为尖突节点"按钮：选定一个其他类型的节点后，单击该按钮将把选定的节点转换成尖突节点。
- "生成平滑节点"按钮：单击该按钮将把选定的非平滑节点转换成平滑节点。
- "生成对称节点"按钮：单击该按钮将把选定的非对称节点转换成对称节点类型。
- "封套的直线模式"按钮：单击该按钮启用直线封套编辑模式。使用这种模式，可水平或垂直拖动封套节点来更改封套的图形，但保持封套边缘为直线。
- "封套的单弧模式"按钮：单击该按钮启用单弧封套编辑模式。使用这个编辑模式，可水平或垂直拖动封套手柄，在封套图形中添加一条单弧形曲线。
- "封套的双弧模式"按钮：单击该按钮，启用双弧封套编辑模式。使用这个编辑模式，可水平或垂直拖动封套手柄，在封套图形中添加一条双弧形曲线。
- "封套的非强制模式"按钮：单击该按钮启用无约束封套编辑模式。使用这个模式可沿任意方向拖动封套手柄，使封套具有所需的任何图形。在这个模式下，手柄可自由移动并有控制点。可使用这些控制点精确调整封套的图形，还可以用图形工具框选多个手柄，并将它们作为一个整体移动。

- "添加新封套"按钮 ：单击该按钮为选定的对象添加一个矩形封套。通过拖动封套的节点，可以利用 4 个封套编辑模式按钮"直线"、"单弧"、"双弧"和"无约束设置"重新构造封套的形状。在 CorelDRAW X6 中，根据封套的形状自动重新构造选定对象的形状。
- "映射模式"下拉列表框 自由变形 ：决定映射模式，即在 CorelDRAW X6 中使对象适合封套的方式。可选择形状和美术字文本的"原始"、"水平"、"垂直"或"填孔"模式。
- "保留线条"按钮 ：启用该按钮时，在编辑封套时将保持原来的线条形状不变；禁用时，将随着编辑节点而改变所有的图形形状。
- "转换为曲线"按钮 ：单击该按钮将选定对象转换为曲线对象。
- "复制封套属性"按钮 ：单击该按钮将从某一图形对象中复制新的封套形状。
- "清除封套"按钮 ：允许从选定的对象最近用过的封套开始，一次删除一个封套。如果清除了所有封套，则只以原始对象保留下来。清除封套前，必须移除应用这个封套后对对象应用的任何效果。

使用属性栏对美术字文本添加封套效果的方法如下：

（1）新建文件，在画面中添加美术字文本，激活选择工具选中该文本。

（2）在工具箱中激活交互式工具并选择交互式封套工具，打开其属性栏。

（3）该属性栏中提供了 4 种封套编辑模式，依次选择 4 种模式，在文本周围就会出现控制柄，可以根据选定的模式进行调整，产生的封套效果如图 8-38 所示。

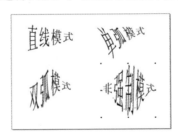

图 8-38

还可以设置封套的映像模式。单击属性栏中的下拉列表框，从中选择一种映像模式。

注意

2. 对段落文本应用封套效果

在 CorelDRAW X6 中，仍然沿用以前版本的一些基本工具，例如，各种交互式工具等。如果想使用鼠标就改变段落文本框的外观，必须通过工具箱中的交互式封套工具来进行。下面介绍使用该工具改变段落文本框外形的方法。

（1）新建文件，在画面中添加段落文本，激活选择工具选中该文本，如图 8-39 所示。

（2）选择"窗口"→"泊坞窗"→"封套"命令（使用快捷键 Ctrl+F7），打开如图 8-40 所示的"封套"面板。

（3）单击该面板中的"添加新封套"按钮，文本框的轮廓线变为红色，并有 8 个节点出现，如图 8-41 所示。

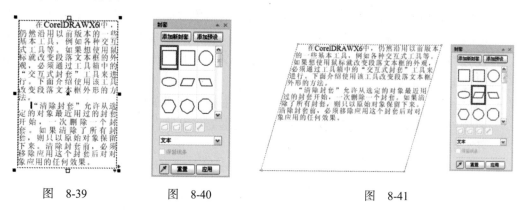

图　8-39　　　　　　　图　8-40　　　　　　　　　图　8-41

注意 第一次使用"封套"命令时，可能看不到预设的封套，单击"添加预设"按钮即可。

（4）从该面板提供的 4 种封套编辑模式"直线条"、"单弧"、"双弧"和"无约束设置"中选择一种或多种，为段落文本添加封套（操作方法与美术字文本相同），效果如图 8-42 所示。

（5）单击"封套"面板中的"添加新封套"按钮，从预览窗口中选择一种封套形状，为段落文本添加预设形状的封套，如图 8-43 所示。

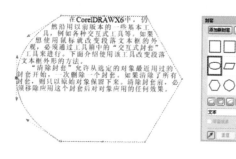

图　8-42

（6）单击"应用"按钮，将选定的封套样式添加到选定的段落文本框上，效果如图 8-44 所示。

图　8-43　　　　　　　　　　图　8-44

3．创建自定义封套

CoreIDRAW X6 为用户提供了许多预设的封套，用户可以自由地选用它们中的一个或者多个为自己的段落文本添加不同的特殊效果。对于大部分用户来说，这些封套的形状和数量已经够用了，CorelDRAW X6不是专业的文字处理软件，其强大的功能主要体现在图形图像的创建或者处理上。但是为了方便用户的特殊要求，它还提供了创建封套的功能。这项功能允许用户使用对象的形状在当前文件中制作封套，然后将该封套应用于绘图中的任何对象。用户可以使用在CorelDRAW X6中创建的任何一个具有单一的封闭路径的对象（包括焊接对象）来创建封套，但是不能从导入对象、开放路径、组合对象或群组对象创建封套。

创建自定义封套的方法如下：

（1）新建文件，激活基本绘图工具并创建封闭路径。

（2）激活形状工具调整图形的形状直至满意为止。

（3）在当前文件中输入段落文本，激活选择工具，单击要用作封套的对象段落文本，如图8-45所示。

（4）激活交互式封套工具并启用"封套"属性栏，此时段落文本框变成红色，在该属性栏右上角单击"创建封套自"按钮（或单击"封套"面板左下角的按钮亦可），或者选择"效果"→"复制效果"→"建立封套自"命令，如图8-46所示。

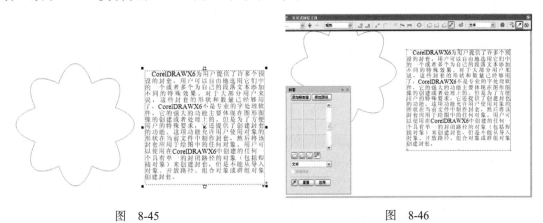

图 8-45 　　　　　　　　　　　　　　　　　　　图 8-46

（5）将指针移动到绘图窗口中，这时会出现一个黑色的大箭头，将它移动到已选择的作为封套基础的对象上单击，效果如图8-47所示。

（6）单击"封套"面板上的"应用"按钮，效果如图8-48所示。

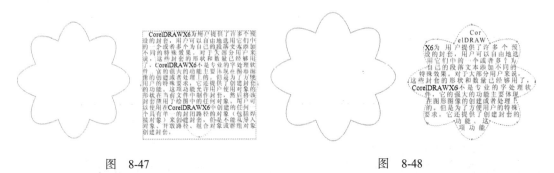

图 8-47 　　　　　　　　　　　　　　　　　　　图 8-48

4. 移除封套

"清除封套"命令可以从最近应用的一个封套开始，一个个地移除封套。例如，如果对一个对象应用了 4 个封套，则需要使用该命令 4 次才可将这 4 个封套删除。如果移除了所有封套，则最后只留下了原始对象。

移除封套的操作方法如下：

（1）使用选择工具单击选定含有要移除封套的对象。

（2）激活交互式封套工具，单击该属性栏上的"清除封套"按钮，或者选择"效果"→"清除效果"命令。

注意

在移除封套前，必须先移除应用封套后应用于对象的所有效果。

8.2.4　段落文本的转移

在处理版面时经常遇到输入的段落文本幅面超过了该文本框所能容纳的范围，而超出部分不能被显示出来的情况。在 CorelDRAW X6 中，用户可以进行设置，使文本"转移到"另外一个文本框，也可以使文本"转移到"图形对象，使在一个文本框不能显示的内容在另一个文本框或图形对象中显示出来。

1．链接两个或多个段落文本框

用户在创建段落文本时已经发现了，已超出了文本框的范围的部分没有被显示。但文本块下面有一黑色小三角的溢出符号，用户可以通过链接文本框或图形对象，使段落文本"转移到"其他对象。

创建链接的方法如下：

（1）新建文件，激活文本工具，分别创建两个段落文本框 A 与 B，其中一个输入了比较多的文本，使文本量超出文本框的范围，而另一个为空文本框，如图 8-49 所示。

（2）用选择工具选择第一个段落文本框 A，这时在其下部会显示出文本溢出符号，单击此符号，鼠标指针变成一个带一页文档的图标。

（3）移动鼠标指针到另一个文本框 B 中时，指针变成向右的黑色粗箭头形状，单击 B 文本框，这样 A 与 B 文本框通过一条蓝线连接在一起，表明链接成功，如图 8-50 所示。

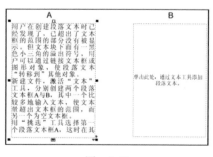

图　8-49

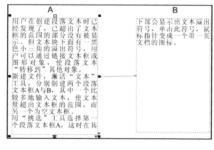

图　8-50

（4）此时将 A 与 B 文本框中的字号放大，如图 8-51 所示。由于文本幅面变大，文本框 B 被充满后，依然出现了溢出符号，此时用户可以用绘图工具创建图形 C。

（5）单击 B 文本框的溢出符号，并移动鼠标指针到图形 C，这时指针变成一个黑色粗箭头形状。在图形 C 内单击，B 文本框通过一条蓝线与图形 C 连接，表明图形 C 与文本框 B 链接成功，如图 8-52 所示。

注意 大家不妨试一试，创建一个开放路径（如一条曲线）进行链接也可以链接成功，说明开放路径也可以被选中作为链接容器。

图 8-51

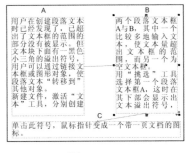

图 8-52

2. 链接不同页面上的文本框和对象

在 CorelDRAW X6 中，常常会遇到多页文档。这时就可以将某一段落文本框与其他页面的文本框或对象链接，从而可以创建跨页面的链接。

链接不同页面上的文本框的方法如下：

（1）激活选择工具，选择起始文本框。

（2）单击起始段落文本框底部的文本溢出符号，鼠标指针变成一个带一页文档的图标，如图 8-53 所示。

（3）单击 CorelDRAW X6 工作窗口底部的导航器上的页码名称，打开包含第二个文本框的页面标签。

（4）选择要文本流继续延伸到的文本框，指针变成向右的黑色粗箭头形状并单击该文本框。文本流标签和一条蓝色虚线的出现表明文本框已被链接。同时还会有标识文本框被链接到的页码，如图 8-54 所示。如果将页面 2 文本框缩小，则溢出的文本可以在页面 3 继续创建新的形式，效果如图 8-55 所示。

图 8-53

图 8-54

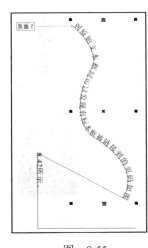

图 8-55

（5）如果要链接到不同页面上的对象，遵循本操作步骤（4）中的方法即可。

> 图 8-55 为开放式路径的文本流效果。
注意

3. 编辑链接的文本框

一旦用户把多个文本框链接起来，并且使文本从一个文本框流向另一个文本框，如果想将链接的段落文本框或对象之间的文本流动重新改变，就必须对链接的段落文本框进行一些编辑工作。要确定文本流的方向，先选择文本框或对象，会出现一个蓝色箭头来指出流动的方向。如果链接的文本框在不同的页面上，蓝色箭头的旁边将出现页码。

将文本流改向另一个文本框的方法如下：

（1）激活选择工具，单击要改变其链接的文本框底部的文本流标签。

（2）激活选择工具，选择要文本流继续延伸到的新文本框。

（3）如果要文本流链接到其他对象，使用选择工具单击要改变其链接的对象底部的文本流标签。

（4）在文本流要继续延伸到的对象上单击即可。

4. 解除段落文本框或图形对象之间的链接

解除段落文本的链接的方法如下：

（1）选择文本框，选择"排列"→"拆分段落文本"命令，或将段落文本框或图形对象都删掉。

（2）使用选择工具选中要解除链接的段落文本框或图形对象，然后在文本中右击，在弹出的快捷菜单中选择"删除"命令即可。

（3）选择该文本框，直接按 Delete 键，则该文本框或图形对象被删除，该文本框中的文本被自动转移到它所链接的下一个文本框中（或图形）。

8.3 酒包装案例解析

本节将要设计的酒包装效果如图 8-56 所示。

（a）　　　　　　　　（b）

图　8-56

8.3.1　酒瓶设计

酒瓶的设计步骤如下：

（1）激活工具箱中的贝塞尔工具，在画面中绘制半只酒瓶的形状，绘制过程中可用形状工具调整线节点和手柄使线条流畅，效果如图 8-57 所示。

（2）调整好后，激活工具箱中的选择工具，按住 Ctrl 键拖动左边中间的手柄，向右翻转并按鼠标右键复制，得到另半只瓶体图形。向左移动一点距离，使得两个图形一小部分重合，效果如图 8-58 所示。

（3）将两个图形一同选取，然后单击属性栏中的"焊接"按钮，效果如图 8-59 所示。

（4）激活贝塞尔工具，如图 8-60 所示在瓶体左侧相应位置绘制高光部分图形。

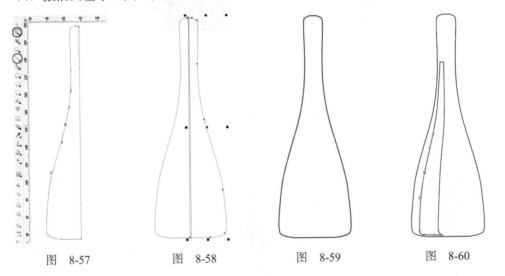

图　8-57　　　　　图　8-58　　　　　图　8-59　　　　　图　8-60

（5）如图 8-61 所示，再在瓶体右侧绘制反光部分。

（6）在瓶口处用绘制瓶体的办法（先绘制一半再复制焊接）绘制瓶盖图形（为了便于区分形态，特意将瓶盖的线条改为了红色），效果如图 8-62 所示。

（7）如图 8-63 所示，在瓶体的下部绘制酒标图形。

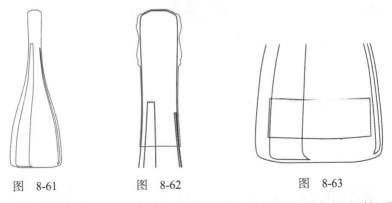

图　8-61　　　　　　图　8-62　　　　　　图　8-63

（8）选取瓶体图形，激活工具箱中的渐变填充工具，在渐变填充对话框设置如图 8-64所示的参数。

（9）单击"确定"按钮，瓶体填充渐变色的效果如图 8-65 所示。

（10）选取高光图形，填充为白色，效果如图 8-66 所示。

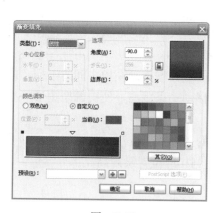

图　8-64　　　　　　　　　　图　8-65　　　　　　　图　8-66

（11）选择"效果"→"透镜"命令，在打开的对话框中设置"透明度"，"比率"设置为 80%，如图 8-67 所示。

（12）选取另一个反光图形，如图 8-68 所示，设置"透明度"，"比率"为 40%。

（13）激活无轮廓工具，删除瓶体、高光和反光图形的边线，效果如图 8-69 所示。

图　8-67　　　　　　　　　图　8-68　　　　　　　　图　8-69

（14）选取瓶体图形，激活工具箱中的网状填充工具，如图 8-70 所示，在瓶体图形上会出现纵横的经纬线。

（15）双击图 8-71 中红色圆圈经线和纬线，分别添加两条经线和一条纬线（用红色强调的线）。

（16）单击版面右上角的"调色板"按钮，如图 8-72 所示，调出"调色板编辑器"对话框。

（17）在"调色板编辑器"对话框中，如图 8-73 所示，单击"添加颜色"按钮。

（18）在"选择颜色"对话框中，设置如图 8-74 所示的颜色，设置好后单击"加到调色板"按钮并确定。

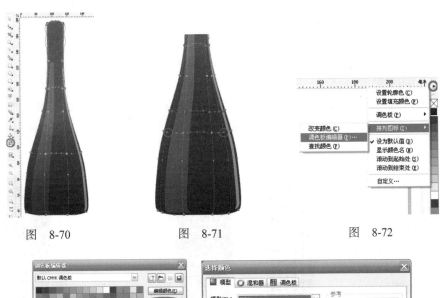

图 8-70　　　　　图 8-71　　　　　图 8-72

图　8-73　　　　　　　图　8-74

（19）如图 8-75 所示，在调色板中的最后一个色块就是刚刚创建的颜色。

（20）单击经纬线分割出的中间的一块区域，如图 8-76 所示。填充刚才编辑的色彩，效果如图 8-77 所示。

（21）选取瓶盖图形，激活工具箱中的刻刀工具，在如图 8-78 所示位置做水平切割，将瓶盖分成了上、下两个部分。

图　8-75　　　　图　8-76　　　　图　8-77　　　　图　8-78

（22）选取瓶盖上半部分，激活工具箱中的图样填充工具，在"图样填充"对话框中设置如图 8-79 所示参数。

（23）单击"确定"按钮，图样填充后的效果如图 8-80 所示。

（24）将图形复制并粘贴，将复制的图形填充为黑色，效果如图 8-81 所示。

（25）激活工具箱中的透明度工具，如图 8-82 所示，从左到右拖出透明度效果，然后选择属性栏中的"线性"模式，再单击"编辑透明度"按钮 。

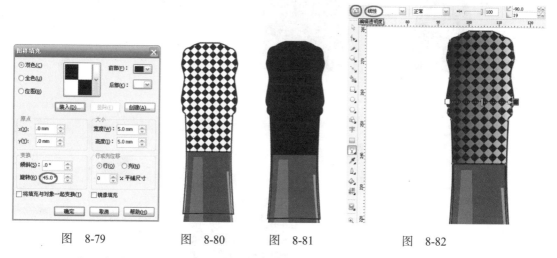

图 8-79   图 8-80   图 8-81   图 8-82

（26）在"渐变透明度"对话框中设置如图 8-83 所示的渐变参数（浅灰 - 黑 - 黑 - 浅灰）。

（27）单击"确定"按钮，编辑透明度后的效果如图 8-84 所示（两边是分别放置在白色和红色底色上的图形透明度效果，以便于观察）。

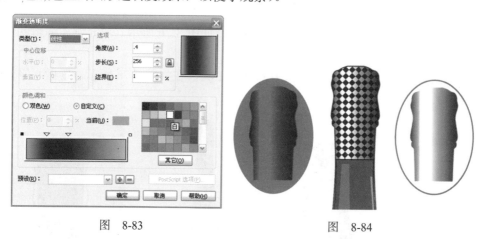

图 8-83   图 8-84

（28）复制添加透明度效果的图形（Ctrl+C/Ctrl+V 快捷键），将复制的图形按如图 8-85 中所示设置"渐变透明度"参数（浅灰 - 黑 - 黑 - 浅灰 - 黑 - 黑 - 浅灰 - 黑 - 黑）。

（29）单击"确定"按钮，编辑透明度后的效果如图 8-86 所示。

（30）选取瓶盖下半部分，设置如图 8-87 所示的渐变填充参数。

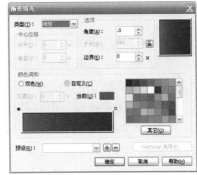

图 8-85　　　　　　　　　图 8-86　　　　　　　　　图 8-87

（31）单击"确定"按钮，渐变填充效果如图 8-88 所示。

（32）如图 8-89 所示，输入说明性文字，调整字体和大小，再添加一个圆形的简单图标。

（33）激活工具箱中的透明度工具，如图 8-90 所示，将文字制作透明度效果。

（34）选取酒标图形，按住 Shift 键加选瓶盖下半部分，激活工具箱中的渐变填充工具，并直接单击"确定"按钮（酒标加载瓶盖下半部分渐变效果），效果如图 8-91 所示。

图 8-88　　　　　　图 8-89　　　　　　　图 8-90　　　　　　　图 8-91

（35）如图 8-92 所示，输入文字，设置字体，调整位置及大小。

（36）激活工具箱中的箭头形状工具，如图 8-93 所示，在酒标左上角绘制一个箭头图形并填充为红色，去除边线，效果如图 8-56（a）所示。

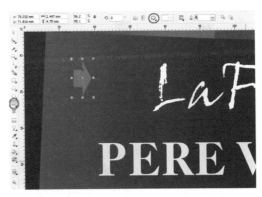

图 8-92　　　　　　　　　　　　　　图 8-93

8.3.2　酒标与外包装设计

酒标与外包装设计的步骤如下：

（1）激活工具箱中的贝塞尔工具，绘制半个酒瓶子的形态，在绘制过程中可通过使用形状工具，调整节点及曲线形态，使之线条自然流畅，效果如图 8-94 所示。

（2）按住 Ctrl 键，向左移动图形，按鼠标右键复制，然后在属性栏中单击"水平镜像"按钮，调整位置，效果如图 8-95 所示（该过程与 8.3.1 节中案例不同，但有异曲同工之妙用）。

（3）将两个对象一同选取，如图 8-96 所示，单击属性栏中的"焊接"按钮即可。

（4）激活工具箱中的均匀填充工具，在其弹出的对话框中设置如图 8-97 所示的参数，单击"确定"按钮即可。

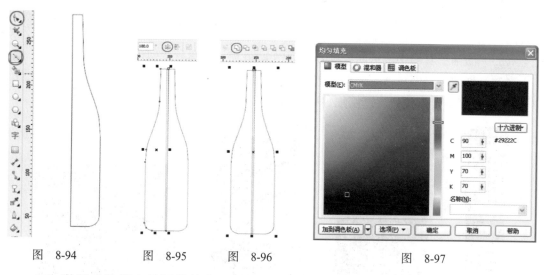

图　8-94　　　　图　8-95　　　　图　8-96　　　　　　　图　8-97

（5）激活工具箱中的网状填充工具，此时酒瓶图形上面会出现如图 8-98 所示的蓝（红）色的经纬线。

（6）在纬线的右侧双击，插入 3 条经线，效果如图 8-99 所示。

（7）如图 8-100 所示，在界面左下角的"文档调色板"上面双击，弹出如图 8-101 所示的对话框。

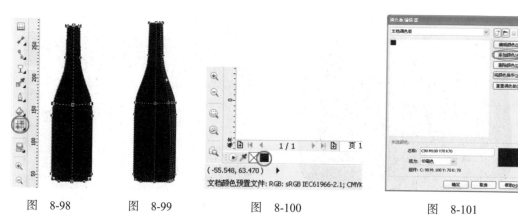

图　8-98　　　　图　8-99　　　　　图　8-100　　　　　　图　8-101

（8）在"调色板编辑器"对话框中单击"添加颜色"按钮，弹出如图 8-102 所示的对话框并设置参数，单击"确定"按钮，完成编辑颜色，如图 8-103 所示，单击"确定"按钮即可。

（9）单击如图 8-104 所示的位置，然后单击刚才设置的颜色即可填充颜色。

图 8-102　　　　　　　　　　图 8-103　　　　　　　　图 8-104

（10）在纬线的左侧双击，插入 6 条经线，效果如图 8-105 所示。

（11）分别在如图 8-106 所示的两个位置填充刚才设置的颜色。

（12）在纬线的上方，如图 8-107 所示，插入 3 条纬线。

（13）单击如图 8-108 所示位置并填充为白色。

图 8-105　　　　图 8-106　　　　　　图 8-107　　　　　　　图 8-108

（14）单击如图 8-109 所示位置，填充为白色，这样就创建两处高光效果，葡萄酒瓶"网状填充"后的整体效果如图 8-110 所示。

（15）复制酒瓶，如图 8-111 所示。在网状填充工具相应属性栏中单击"清除网状"按钮即可。

（16）将图形填充为白色。激活工具箱中的手绘工具，绘制一个如图 8-112 所示形状的图形。

（17）先选取手绘图形，按住 Shift 键加选酒瓶图形，然后单击如图 8-113 所示的属性栏中的"修剪"按钮即可。

图　8-109　　　　　图　8-110　　　　　　　图　8-111

（18）将修剪后的图形置于如图 8-114 所示的位置，并激活工具箱中的透明度工具。

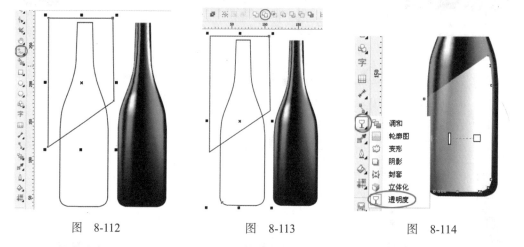

图　8-112　　　　　　图　8-113　　　　　　图　8-114

（19）按住鼠标左键，如图 8-115 所示，从右向左拖出渐变透明效果。

（20）激活工具箱中的手绘工具，在瓶口位置绘制一个如图 8-116 所示图形。

（21）激活工具箱中的渐变填充工具，在弹出的对话框中设置如图 8-117 所示的渐变参数。

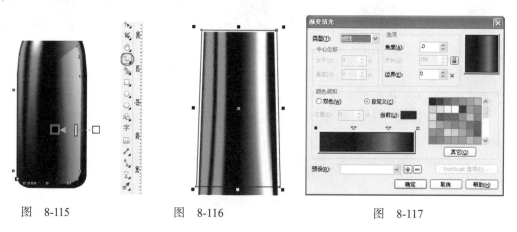

图　8-115　　　　　　图　8-116　　　　　　图　8-117

（22）单击"确定"按钮，效果如图 8-118 所示。

（23）激活工具箱中的矩形工具，在如图 8-119 所示的位置绘制一个矩形。

图 8-118　　　　　　　　　　图 8-119

（24）激活工具箱中的形状工具，拖动矩形 4 个角的节点，将矩形转变为圆角矩形，效果如图 8-120 所示，然后将该矩形复制一个备用。

（25）在圆角矩形上面绘制一个比圆角矩形窄而长的矩形，如图 8-121 所示。先选取矩形，按住 Shift 键加选圆角矩形，再单击属性栏中的"修剪"按钮即可完成修剪。

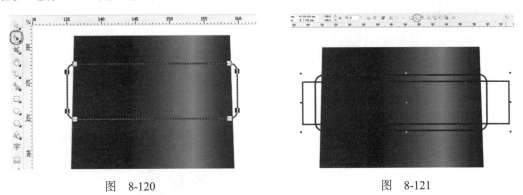

图 8-120　　　　　　　　　　图 8-121

（26）删除矩形，为观察方便，特意将被修剪过的圆角矩形轮廓线设置为红色，如图 8-122 所示，选取被修剪过的红色图形，单击属性栏中的"拆分"按钮。

（27）如图 8-123 所示，为了方便说明，将拆分出的两个图形分别命名为 a 和 b。同时将圆角矩形填充图 8-117 中编辑的渐变色。

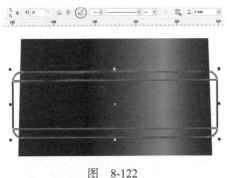

图 8-122　　　　　　　　　　图 8-123

（28）选取图形 a，填充如图 8-124 所示的渐变色，删除轮廓线后，效果如图 8-125

所示。

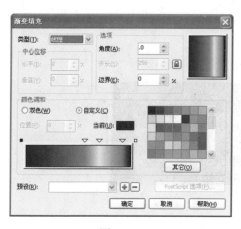

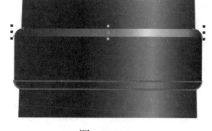

图　8-124　　　　　　　　　　　　　　　图　8-125

（29）选取图形 b，填充如图 8-126 所示的渐变色，删除轮廓线后，效果如图 8-127
所示。

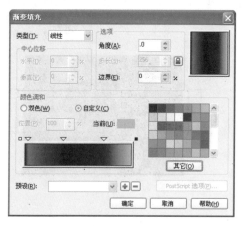

图　8-126　　　　　　　　　　　　　　　图　8-127

（30）接下来制作酒瓶标贴（上标与下标两个部分），先看一下最终效果，如图 8-128
所示。

图　8-128

（31）激活工具箱中的贝塞尔工具，先绘制半个酒标图形，效果如图 8-129 所示。

（32）利用制作瓶身方法复制该图形并镜像，拼接后焊接成一个完整的酒标形态，效果如图 8-130 所示。

（33）按住 Shift 键，拖动边角的锚点向内收缩一定距离，并按鼠标右键将其复制，调整边距后的效果如图 8-131 所示。

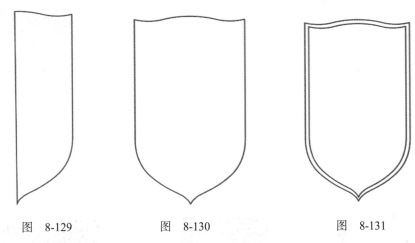

图 8-129　　　　　　图 8-130　　　　　　图 8-131

（34）在属性栏中，设置内图形"轮廓宽度"为 1.5mm，效果如图 8-132 所示。

（35）选择外图形，激活渐变填充工具，在弹出的对话框中设置如图 8-133 所示的参数，单击"确定"按钮，删除轮廓线，效果如图 8-134 所示。

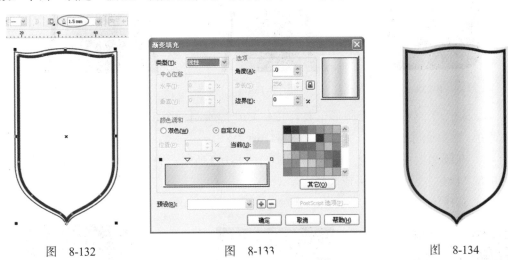

图 8-132　　　　　　图 8-133　　　　　　图 8-134

（36）选择内图形，选择"排列"→"将轮廓转换为对象"命令。激活渐变填充工具，在弹出的对话框中设置如图 8-135 所示的参数，单击"确定"按钮，效果如图 8-136 所示。

（37）打开矢量素材花卉图案并放置在图形的下方，效果如图 8-137 所示。

（38）激活文本工具，输入相应的文字，根据设计需要，调整相应字体和颜色（C:60、M:100、Y:100、K:60），下标制作完成，调整其在瓶体上的位置，效果如图 8-138 所示。

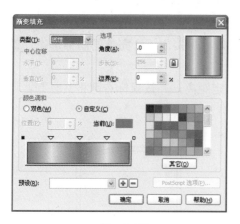

图 8-135　　　　　　　图 8-136　　　　　　　图 8-137

（39）下面开始制作上标。激活工具箱中的矩形工具，在如图 8-139 所示的位置绘制一个矩形，并填充图 8-133 所示的渐变色。

（40）在矩形上下两个位置分别绘制矩形并填充图 8-135 中编辑的渐变色，效果如图 8-140 所示。

图　8-138　　　　　　　图　8-139　　　　　　　图　8-140

（41）激活工具箱中的椭圆形工具，按住 Ctrl 键绘制一个正圆，填充图 8-133 中编辑的渐变色，然后删除轮廓线，效果如图 8-141 所示。

（42）在圆形上面再绘制一个同心圆，如图 8-142 所示。将两个圆一同选取，在属性栏中单击"合并"按钮即可形成圆环。

（43）选择该圆环，填充渐变色，删除轮廓线，效果如图 8-143 所示。

图　8-141　　　　　　　图　8-142　　　　　　　图　8-143

（44）选择该圆环，按住 Shift 键，拖动边角的锚点向内收缩一定距离，并单击鼠标右键将其复制为"内圆环"，效果如图 8-144 所示。

（45）紧贴内圆环的内侧绘制一个圆形，效果如图 8-145 所示。

（46）选取素材"葡萄"图形，选择"效果"→"图框精确剪裁"→"置于图文框内部"命令，将其置于圆形中，然后删除外框，效果如图 8-146 所示。上标制作完成，葡萄酒整体效果如图 8-147 所示。

图 8-144   图 8-145   图 8-146

（47）下面制作外包装盒。首先制作包装盒的正面，激活工具箱中的矩形工具，绘制一个略高于酒瓶的长方形并填充 C:60、M:90、Y:50、K:70 颜色，效果如图 8-148 所示。

（48）激活工具箱中的贝塞尔工具，绘制一个如图 8-149 所示的图形并填充图 8-133 中编辑的渐变色。

图 8-147   图 8-148   图 8-149

（49）选取该图形，按住 Ctrl 键向下移动一定距离并右击，复制后填充 C:60、M:90、Y:50、K:70 颜色，使其上端露出部分作为装饰线，效果如图 8-150 所示。

（50）激活工具箱中的形状工具，选取复制的图形左、右下角两个节点，按住 Ctrl 键向上移动一定距离，使其下端露出部分作为装饰线，效果如图 8-151 所示。

（51）选取金色填充图形，按住 Ctrl 键向下移动一定距离并按鼠标右键复制。激活形状工具，选取图形左、右下角两个节点，按住 Ctrl 键向上移动一定距离，露出一段深紫色部分作为装饰线，效果如图 8-152 所示（此时经过复制形成 3 层，其关系如图 8-153

所示）。

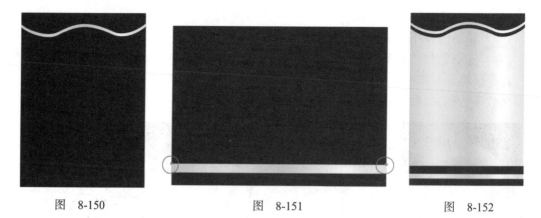

图 8-150   图 8-151   图 8-152

（52）将素材花边置于如图 8-154 所示的位置。

（53）复制酒标上面的文字，放置在如图 8-155 所示的位置。

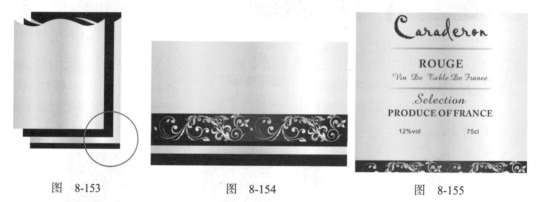

图 8-153   图 8-154   图 8-155

（54）将花卉素材图形复制，调整大小并将其放置在包装盒的上半部分，效果如图 8-156 所示。

（55）复制酒标的上标，调整位置，效果如图 8-157 所示。包装盒正面部分设计完成，效果如图 8-158 所示。

图 8-156

图 8-157

（56）接下来制作包装盒的侧面部分。复制包装盒正面图，将其中文字部分删除，绘制一个文本框，输入介绍葡萄酒的相关文字，效果如图 8-159 所示。

（57）分别选取包装盒的正面图和包装盒的侧面图，如图 8-160 所示，单击属性栏中的"群组"按钮，使其自成一体。

（58）选取包装盒的正面，选择"效果"→"添加透视"命令，调整其透视关系，效果如图 8-161 所示。

（59）选取包装盒侧面，选择"排列"→"转换为曲线"命令（因为包含文本部分，文本字不能添加透视点，转换为曲线后可以添加），调整其透视关系，效果如图 8-162 所示。

图 8-158　　　　图 8-159　　　　　图 8-160　　　图 8-161　　　图 8-162

（60）如图 8-163 所示，绘制一个矩形，填充 C:60、M:80、Y:50、K:40 颜色。用同样的方法调整关系，效果如图 8-164 所示。

（61）尝试调整包装盒侧面的颜色，使包装盒看上去更具立体感，效果如图 8-165 所示（通过更换色彩与重新编辑渐变色即可完成）。最终效果如图 8-56（b）所示。

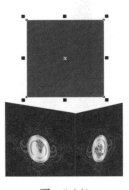  

颜色加深

图 8-163　　　　　　　图 8-164　　　　　　图 8-165

思考与练习

1．包装设计的基本构成元素。

2．熟练掌握文本与路径之间的关系。

3．理解文本框的作用。

4．掌握文本与图形之间的相互关系。

5．临摹如图 8-166 所示的作品，重点掌握酒贴与高光处理方法。

图　8-166